Einfach mal Nichts tun!

Einfach mal Nichts tun!

Zehn Leitsätze,
mit denen jedes Treffen etwas Besonderes wird

Marvin Weisbord & Sandra Janoff

Westkreuz-Verlag GmbH Berlin

Die Originalausgabe ist erschienen unter dem Titel
Don't Just Do Something, Stand There!

Aus dem Amerikanischen übertragen von Georg Bischoff (1958-2013) &
Michael M Pannwitz

Herausgeber der deutschsprachigen Ausgabe
Michael M Pannwitz
Draisweg 1, 12209 Berlin
mmpannwitz@gmail.com

Bibliografische Information der Deutschen Nationalbibliothek

Die Deutsche Nationalbibliothek verzeichnet diese Publikation in der Deutschen Nationalbibliografie; detaillierte bibliografische Daten sind im Internet über http://dnb.d-nb.de abrufbar.

ISBN 978-3-939721-31-4

3. Auflage

Herstellung: Westkreuz-Verlag GmbH Berlin

Vorwort

zur 3. Auflage 2020

Im Jahr 2007 veröffentlichten Marvin Weisbord und Sandra Janoff „Don't Just Do Something, Stand There!" in den USA. Vier Jahre danach folgte die deutsche Fassung: „Einfach mal Nichts tun!".

Das Buch sprach sich rum. Großes Interesse führten zur zweiten und jetzt zur – wie schön – dritten inhaltlich unveränderten Auflage.

In diesem Zusammenhang erinnere ich mich mit Freude an alle, die vor knapp einem Jahrzehnt an der Übertragung beteiligt waren, besonders an die intensive Zusammenarbeit mit Georg Bischoff (gestorben 2013). Mit der Übertragung aus dem Amerikanischen fing Georg damals erst an, nachdem er selbst diese Art der Arbeit mit Gruppen in der Praxis erlebt hatte.

Entscheidend bei der Verbreitung des Buches waren und werden die Praktiker sein, die es bei ihrer Arbeit nutzen und es dadurch so ganz besonders und nachhaltig bekannt machen und verbreiten.

Aus meinem beobachtend aktiven Ruhestand wünsche ich mir und Euch:

Weiter so!

Michael M Pannwitz

Berlin

im Januar 2020

Das ganze Buch auf einen Blick

Inhalt 7
Vorwort 13
Einführung:
Machen Sie aus jedem Treffen etwas Besonderes 23

I Treffen leiten

I Treffen leiten 37

1. Das ganze System zusammenbringen 39
2. Alles kontrollieren – nur nicht das Verhalten 57
3. Den „Ganzen Elefanten“ untersuchen 77
4. Verantwortung wahrnehmen – gemeinschaftlich 93
5. Die Gemeinsame Grundeinstellung feststellen 107
6. Teilgruppen erkennen und mit ihnen arbeiten 123

II Mich leiten

II Mich leiten 145

7. Ich freunde mich mit Ängsten an 147
8. Ich werde mir der Übertragungen bewusst 165
9. Ich lerne, eine verlässliche Autorität zu sein 181
10. Ich lerne NEIN sagen, damit mein JA mehr bedeutet 197

Sechs einfache Techniken für alle Gelegenheiten 207
Schritt für Schritt, von Treffen zu Treffen
die Welt verändern: Eine Einladung 209

Inhalt

Vorwort 13
Unsere Zehn Leitsätze 17

Danke 21

Einführung
Machen Sie aus jedem Treffen etwas Besonderes 23
Wie unser Buch entstanden ist 25
Ein Vermächtnis – Unseres und Ihres 26
Alles auf den Prüfstand 27
Nichts tun… ganz aufmerksam 29
Aufgliedern/Zusammenfügen (A/Z) – Eine Theorie für eine komplexe Welt 30
Aufbau des Buches 32

I Treffen leiten

I Treffen leiten 37

Erster Leitsatz
Das ganze System zusammenbringen 39
Sechs Maßnahmen zur Verbesserung ganzer Systeme 41
1. Fragen Sie, wer alles zu dem ganzen System gehört 41
2. Achten Sie darauf, dass Teilnehmende und Aufgaben zusammenpassen 43
3. Passen Sie die Länge des Treffens der Aufgabenstellung an 45
4. Sorgen Sie für genügend Zeit, damit die Teilnehmenden sich aussprechen können 47
5. Arbeiten Sie mit dem A/Z Ansatz 49
6. Wenden Sie die 3 × 3 Regel an, wenn nicht das ganze System zur Verfügung steht 52
Zusammenfassung 54
Empfehlungen für Ihr nächstes Treffen 54

Zweiter Leitsatz
Alles kontrollieren – nur nicht das Verhalten 57
Die Entdeckung der Selbststeuerung 57
Kontrollieren, was kontrollierbar ist 58
Üben Sie ***vor*** dem Treffen maximale Kontrolle auf die Arbeitsstrukturen aus 60
1. Klären Sie Ihre eigene Rolle 60
2. Machen Sie sich klar, wozu das Treffen einberufen wurde 63
3. Sorgen Sie für die „richtigen" Teilnehmenden 63
4. Arbeiten Sie mit Teilgruppen 65
5. Planen Sie Rückmeldungen aus jeder Teilgruppe an die Gesamtgruppe ein 67
6. Planen Sie genügend Zeit ein 67
7. Achten Sie auf gesunde Arbeitsbedingungen 68
Üben Sie ***während*** des Treffens minimale Kontrolle aus 71
1. Kampf- oder Fluchtverhalten 72
2. Angriffe, die jemanden ausgrenzen könnten 73
3. Angepasste Sitzordnung 73
4. Umgang mit der Zeit 73
Zusammenfassung 76
Empfehlungen für Ihr nächstes Treffen 76

Dritter Leitsatz
Den „Ganzen Elefanten" untersuchen 77
Systemisches Denken ist uralt 78
Die Systemische Revolution 80
Der ganze Elefant – Gestalt, Umwelt und sein Inneres 82
Werkzeuge um das Ganze zu untersuchen 82
1. Fangen Sie mit einer Dialogrunde an 83
2. Arbeiten Sie mit Zeitleisten 86
3. Lassen Sie Mind Maps erstellen 87
4. Lassen Sie die Gruppe Flussdiagramme anfertigen 88
Erst den ganzen Elefanten untersuchen – dann handeln 91
Meinungen ***sind*** Fakten 91
Zusammenfassung 92
Empfehlungen für Ihr nächstes Treffen 92

Vierter Leitsatz
Verantwortung wahrnehmen – gemeinschaftlich 93
Weniger tun – mehr Raum schaffen 94
1. Gehen Sie davon aus, dass alle ihr Bestes tun 94
Von den Weirs lernen 96
2. Lassen Sie versteckte Anliegen der Teilnehmenden in ihrem Versteck 96
3. Tun Sie weniger, dann werden die anderen mehr tun 98
4. Unterstützen Sie Selbststeuerung 100
5. Halten Sie Ihren „Inneren Kritiker" im Zaum 102
6. Ermutigen Sie zum Dialog 103
Zusammenfassung 105
Empfehlungen für Ihr nächstes Treffen 105

Fünfter Leitsatz
Die Gemeinsame Grundeinstellung feststellen 107
Zur Gemeinsamen Grundeinstellung kommen 108
1. Fangen Sie nicht gleich mit der Arbeit an Lösungen an 109
2. Lassen Sie sich von Konflikten nicht beherrschen 109
3. Richten Sie Ihren Blick auf die Zukunft 110
Der Dialog zur Gemeinsamen Grundeinstellung 111
1. Verfahren: Beginnen Sie mit Einzel- oder Kleingruppenarbeit 111
2. Verfahren: Arbeiten Sie gleich mit der Gesamtgruppe 112
3. Verfahren: Beginnen Sie mit kleinen Gruppen und Flipcharts 112
Stichpunkte in aussagefähige Beiträge umwandeln 113
Räumen Sie Zeit ein für Unklarheiten und Ängste 113
Was machen wir mit der „Nicht gemeinsam" Liste? 114
Vom Konflikt zur Gemeinsamen Grundeinstellung in Organisationen 115
1. Entpersönlichen Sie Konflikte 117
2. Unterstützen Sie den Umgang mit Konflikten 118
3. Unterstützen Sie Zusammenarbeit 118

Die ersten fünf Leitsätze im Zusammenspiel 120
Zusammenfassung 121
Empfehlungen für Ihr nächstes Treffen 121

Sechster Leitsatz
Teilgruppen erkennen und mit ihnen arbeiten 123
Was geschieht in der Gruppe 124
Die Arbeit mit Teilgruppen verbessert die Arbeit der Gesamtgruppe 124
Dem Auseinanderbrechen von Gruppen vorbeugen 125
Meine richtigen und deine falschen Ansichten 126
Wir regen uns über Unterschiede auf 127
Teilgruppen bilden sich bei allen Treffen 129
Stereotype Teilgruppen in funktionale umwandeln 130
Einfach mal Nichts tun 131
Vier zentrale Verfahren für die Arbeit mit Teilgruppen 132
1. Stellen Sie die „Noch jemand…?“ Frage 132
Regeln für die „Noch jemand…?“ Frage 134
Informelle Teilgruppen tauchen einfach auf 135
Angenommen, niemand schließt sich an 136
2. Setzen Sie Dialog in den Teilgruppen ein, um das Polarisieren zu unterbrechen 137
3. Halten Sie Ausschau nach der vereinigenden Aussage 139
4. Bewegen Sie alle, ihre Positionen aufzugliedern 141
Zusammenfassung 142
Empfehlungen für Ihr nächstes Treffen 142

II Mich leiten

II Mich leiten 145

Siebter Leitsatz
Ich freunde mich mit Ängsten an 147
Lassen Sie die Ängste für Sie arbeiten 149
Besuchen Sie die „Vier Räume der Veränderung“ 149
Nutzen Sie das Model der Vier Räume für Ihre Arbeit 151
Erleben Sie die Vorteile der Verwirrung 153
Mit Ängsten umgehen – zehn einfache Tipps 153

1. Stellen Sie der Gruppe die „Vier Räume der Veränderung“ vor 154
2. Stehen Sie einfach da und... atmen Sie 154
3. Überprüfen Sie Ihre negativen Prophezeiungen 155
4. Verfolgen Sie Ihren inneren Dialog 156
5. Versuchen Sie es mal mit Nichts tun 157
6. Bringen Sie die Gruppe in Bewegung – Bewegung wirkt Wunder 158
7. Sprechen Sie aus, was gerade geschieht 159
8. Beraten Sie sich mit der Gruppe 160
9. Wachsen Sie mit den Dingen, die Sie lieber ausblenden würden 160
10. Gehen Sie mit einer klaren Haltung zu Ihren Treffen 161
Zusammenfassung 163
Empfehlungen für Ihr nächstes Treffen 163

Achter Leitsatz
Ich werde mir der Übertragungen bewusst 165
Übertragungen erleben 166
Methode 1: Besuchen Sie Ihre inneren „Vier Räume der Veränderung“ 167
Methode 2: Positive und negative Seiten an sich selbst erkennen und anerkennen 170
Wie wir „percepts“ aus Übertragungen bilden 171
Verändern Sie Ihre „percepts“, und Sie verändern Ihr Leben 172
„Percept“ sprechen 172
Grammatik der „percept“ Sprache – Grundkurs 174
„Percept“ Sprache ist keine Umgangssprache 175
Ihre innere Wahrnehmung erkennen 177
„Percept“ Sprache üben 178
Zusammenfassung 178
Empfehlungen für Ihr nächstes Treffen 179

Neunter Leitsatz
Ich lerne, eine verlässliche Autorität zu sein 181
Die Dynamik von Autorität verstehen 182

Wir alle werden durch Autorität zu Übertragungen angeregt 183
Autoritätsübertragungen am eigenen Leib erfahren 185
Abhängigkeit erkennen 186
Gegenabhängigkeit erkennen 188
Autorität zieht Übertragungen an 189
Mit der Dynamik von Autorität umgehen 190
1. Reagieren Sie nur knapp auf Abhängigkeit 190
2. Lassen Sie die Teilgruppe für Gegenabhängigkeit sichtbar werden 191
3. Direkte Angriffe umlenken 192
Zusammenfassung 196
Empfehlungen für Ihr nächstes Treffen 196

Zehnter Leitsatz
Ich lerne NEIN sagen, damit mein JA mehr bedeutet 197
Was kostet ein Ja, wenn Sie lieber Nein sagen sollten? 199
Wann sollten Sie Nein sagen 200
Das offene Nein 202
Nehmen Sie den Mund nicht zu voll 204
Zusammenfassung 205
Empfehlungen für Ihr nächstes Treffen 205

Sechs einfache Techniken für alle Gelegenheiten 207

Schritt für Schritt, von Treffen zu Treffen die Welt verändern: Eine Einladung 209

Die Autoren 213
Marvin Weisbord 213
Sandra Janoff 214

Literatur 215

Erstübersetzer*innen* der Zehn Leitsätze 219

Vorwort

Dies ist kein herkömmliches Handbuch über das Leiten und Gestalten von Treffen, Sitzungen, Besprechungen, Konferenzen... und ähnlichen Zusammenkünften.

Wir wollen die gängigen Vorstellungen, wie diese Treffen geleitet und gestaltet werden, auf den Kopf stellen... damit sich Ihre Leitungsarbeit von Mal zu Mal, von Treffen zu Treffen verbessert.

Unsere Philosophie, Theorie und Praxis sind sowohl radikal als auch einfach. Wenn Sie unsere Ideen anwenden, brauchen Sie sich über das Verhalten der Teilnehmenden keine Gedanken mehr zu machen – nur über Ihr eigenes. Für unsere Leitsätze gibt es Beispiele und Erfahrungsberichte von Kolleg*innen* aus aller Welt. Aus unserer Praxis erhalten Sie Tipps, mit denen Sie bereits bei Ihrem nächsten Treffen arbeiten können.

Sie hassen Sitzungen, stimmt's? Sie halten sie für langweilige, unproduktive, aber unvermeidliche Rituale, die sich endlos in Vereinen, Verwaltungen, Gemeinden, Unternehmen und Schulen wiederholen. So ist das nun mal. – Aber muss das so sein?

Wie auch immer Ihre Wahrnehmung aussieht, alle haben ihre eigenen Gründe, bestimmte Zusammenkünfte nicht ausstehen zu können. Wir auch – und wir sollten eigentlich wissen, wovon wir reden. Seit Jahrzehnten leiten wir Treffen, einzeln und zusammen. Wir können sie kaum noch zählen. Darüber hinaus haben wir weltweit mit Tausenden von Menschen Trainings durchgeführt, wie Treffen geleitet und gestaltet werden.
Wir sind in Treffen verheizt worden, die vielversprechend aussahen, aber nur ein mageres Ergebnis lieferten. Und wir wissen, wie es uns ging, wenn wir mehr versprochen haben, als wir halten konnten.

Um es gleich zu sagen, in diesem Buch geht es nicht um Zusammenkünfte, bei denen eine Rede nach der anderen gehalten wird, oder um Podiumsdiskussionen, oder um Veranstaltungen, bei denen Informationen immer nur in eine Richtung gehen. Wir gehen auch nicht gesondert auf Telefonkonferenzen und Online Foren ein, auch wenn vielleicht einige unserer Vorstellungen dort anwendbar sind.

Uns geht es um zielgerichtete, interaktive Treffen, bei denen sich die Teilnehmenden wirklich in die Augen schauen. Wir stellen einen neuen Leitungsansatz vor für Treffen mit den unterschiedlichsten Teilnehmer*innen*, die Probleme angehen, Entscheidungen treffen, Pläne verabreden und sie umsetzen wollen. Sie wollen sich beteiligen, gehört werden und etwas verändern – kurz, es geht um Treffen, in denen wirklich etwas bewegt werden soll, die etwas bedeuten. Werden sie schlecht geleitet, ist das Ergebnis oft Hohn, Spott und Apathie.

Wir schreiben also für Sie, wenn das Leiten von Treffen zu Ihrer Arbeit gehört: In der Unternehmensspitze, als Manager, Berater oder Begleiter, oder wenn Sie sich mit dem Organisieren von Zusammenkünften beschäftigen. Unser Buch kann Ihnen auch nützen, wenn Sie Arbeitsgruppen leiten, in der Schule oder Universität lehren, die Arbeit in einem Krankenhaus koordinieren, einem Gremium oder einer gemeinnützigen Organisation vorstehen...

Sie können aus jeder Zusammenkunft etwas Besonderes machen... Treffen, in denen die Teilnehmenden ihre eigenen Möglichkeiten vollständig ausschöpfen. Sie brauchen sich dafür nicht mit dem Abarbeiten von Checklisten fertig zu machen. Sie können weniger tun und gleichzeitig bessere Ergebnisse erzielen. Doch jedes Mal, wenn wir „einfach Nichts tun", arbeiten wir sehr wohl. Nach außen kaum wahrnehmbar, sind wir innerlich sehr aktiv. Hellwach achten wir genau auf einige Dinge – nur wenige, die aber über Erfolg oder Misserfolg des Treffens entscheiden können... genau die beschreiben wir hier.

Es geht nicht darum, wie mit Teilnehmenden Interviews geführt werden oder wie Sie die Bedürfnisse von Gruppen vor, während oder nach einem Treffen erkennen. Wir geben keine Ratschläge, wie Langeweile und Apathie verringert, Widerstand überwunden, versteckte Tagesordnungen ans Licht gebracht werden können, oder wie man mit Teilnehmenden umgeht, die zu viel oder zu wenig reden, oder wie ihre tiefsten Gefühle für alle sichtbar werden.

Im Gegenteil! Wenn unter schwierigen Bedingungen wichtige Aufgaben erledigt werden sollen, müssen Sie mit den Menschen arbeiten, wie sie sind, nicht wie Sie sie gern hätten. Das gelingt, wenn Sie die Struktur der Veranstaltung im Auge haben, nicht das Verhalten der Teilnehmenden. Sie konzentrieren sich darauf, dass die Gruppe ihre angestrebten Ziele verfolgt, und laden sie ein, Verantwortung gemeinschaftlich wahrzunehmen und selber auf den Gebrauch von Raum und Zeit zu achten. Wenn Sie die Veranstaltung strukturieren, erledigen die Teilnehmenden den Rest.

Dieses Buch ist seit zwei Jahrzehnten im Werden. In den 80er Jahren beobachteten wir zwei weltweite Bewegungen, die das Leiten erschwerten. Zum einen änderte sich alles so schnell, dass man kaum noch Schritt halten konnte. Wir und viele andere Kolleg*innen* versuchten dieser neuen Komplexität auszuweichen – alle Treffen sollten „kürzer, schneller, billiger“ sein – den daraus resultierenden Verlust an Tiefe versuchten wir durch Bespaßungsverfahren auszugleichen. Das erwies sich als Sackgasse.

Zum anderen kamen die Teilnehmer*innen* aus immer mehr, oft sehr unterschiedlichen Kulturen. Durch das weltumspannende Engagement der Wirtschaftsunternehmen, den neuen Aktivitäten gemeinnütziger Organisationen im Gesundheitswesen, in der Bildungsarbeit und auf dem Gebiet der nachhaltigen Entwicklung unterschieden sich die Teilnehmenden unserer Veranstaltungen auf einmal stark voneinander. Alter, kultureller Hintergrund, Bildung, Beruf, Geschlecht, sexuelle Präferenz, Muttersprache, Ethnie, soziale Herkunft – nichts war mehr gleich. Das war Neuland für uns und wir wurden vorsichtiger in der Anwendung all dessen, was wir in unserem eigenen Kulturkreis für selbstverständlich hielten. Unausgesprochene kulturelle Normen tauchten auf, die uns fremd waren und auch blieben. Egal, wie viele Theorien, Strategien und Modelle wir uns aneigneten, wir schafften es auch mit unseren besten Verfahren nicht mehr, Treffen befriedigend zu leiten.

Deshalb begannen wir Ende der 80er Jahre, unsere Arbeitsweise von Grund auf zu verändern. Als allererstes schworen wir uns, die Zeit der Teilnehmenden nicht mehr zu vergeuden. Wir würden an keinem Treffen mehr teilnehmen, keines mehr begleiten, wenn wir seine Ziele in der angesetzten Zeit für nicht erreichbar hielten. Als Nächstes experimentierten wir in unserer täglichen Praxis und suchten nach neuen Wegen, die aus jedem Treffen etwas Besonderes machen sollten.

Wir nahmen uns vor, Techniken zu entwickeln, die jeder einsetzen kann, ohne dafür ausgebildet zu sein, ohne sich mit Systemtheorie auszukennen und ohne neue Technologien zu beherrschen. Wir wollten jede Gruppe in die Lage versetzen, sofort an die Arbeit zu gehen und sich nicht erst neues Handwerkszeug aneignen zu müssen. Wir begannen, Zusammenkünfte so zu strukturieren, dass die Teilnehmenden allein auf der Grundlage ihrer eigenen Erfahrungen zusammenarbeiten konnten.

Wir mussten uns neu ausrichten, uns stärker zurücknehmen und gleichzeitig effektiver werden... mussten lernen mit unserer Angst umzugehen, Angst, die aufsteigt, wenn man darauf wartet, dass Teilnehmer*innen*, die manchmal unterschiedlicher nicht sein können, endlich aufeinander zugehen. Nur sie selbst sind dazu in der Lage.

Und schließlich mussten wir unser altes Verständnis von

Leitung als unrealistisch aufgeben. Statt uns weiter um Ergebnisse zu sorgen, lernten wir darauf zu achten, die von der Gruppe gesteckten Ziele im Blick zu behalten und zu akzeptieren, dass viele Wege nach Rom führen.

Unsere Zehn Leitsätze

Wir stellen Ihnen zehn Leitsätze vor, mit denen jedes Treffen etwas Besonderes wird... für die Sache, um die es geht... für die Teilnehmenden... und auch für Sie.

In diesen Leitsätzen zeigt sich die Neuausrichtung unserer Methoden, und vor allem die anhaltende Arbeit und Auseinandersetzung mit uns selbst. Trotz ständiger Selbstzweifel haben wir uns von vielen Theorien und Verfahren verabschiedet, auf die wir uns früher verlassen hatten. Wie soll man zum Beispiel Gruppenbedürfnisse erkennen, wenn doch jeder Teilnehmende etwas anderes braucht? Die Arbeit mit extrem heterogenen Gruppen in einer sich ständig verändernden Welt konnte nicht mehr zum Erfolg führen mit Verfahren aus stabileren Zeiten, in denen Homogenität angestrebt wurde.

Wir bieten eine umfassende Theorie an, um mit Vielfalt und Unsicherheiten umzugehen... in Organisationen, Gruppen und auch bei Ihnen selbst. Sie wird in der Einleitung beschrieben. Wenn Sie mit Theorien nichts anfangen können, lassen Sie diesen Teil einfach weg. Sie sollten aber wissen, dass unsere Hinweise für die Praxis und unsere Verfahren ihre Wurzeln in Forschungen und Theorien aus vielen Jahrzehnten haben.

Ganz gleich, ob jung oder alt, Schüler oder Lehrer, Künstler oder Ingenieure, Stammeshäuptlinge oder Industriekapitäne, wir arbeiten mit allen auf dieselbe Weise... allerdings achten wir die kulturellen Normen der Teilnehmenden, die für ihre Identität wichtig sind.

Sie lernen

- Gruppen zu helfen, ihre gemeinsamen Ziele zügig zu erreichen
- mit Unterschieden innerhalb der Gruppe so umzugehen, dass die Gruppe intakt bleibt
- wie sich Gruppen um Probleme und schwierige Entscheidungen selbst kümmern können
- Treffen so zu strukturieren, dass die Teilnehmenden deutlicher als sonst Verantwortung gemeinschaftlich übernehmen

Rein technisch ist es einfach, die einzelnen Schritte in die Praxis umzusetzen. Aber sie zu beherrschen erfordert Selbstdisziplin. „Einfach Nichts tun" ist nicht leicht, wenn in der Gruppe Chaos ausbricht und sie Ihnen dafür die Schuld gibt; oder wenn jemand etwas sagt, das die Gruppe sprengen könnte, und alle von Ihnen erwarten, dass Sie aktiv werden und die Dinge wieder in den Griff kriegen; wenn Teilnehmende sich nicht auf Ziele einigen können, Ihre Autorität in Frage stellen, oder jeder vom anderen ein so starres Bild im Kopf hat, dass jegliche Arbeit unmöglich wird.

Sie können lernen, das Unerwartete zu meistern, wenn Sie ständig an sich arbeiten.

Unsere Leitsätze und Verfahren sind sicherlich nicht die einzigen, die aus jedem Treffen eine bereichernde Erfahrung machen. Für sie spricht, dass viele sie übernommen haben. Während der Entstehung dieses Buches haben wir Berichte von Kolleg*innen* aus aller Welt gesammelt: aus Afrika, Asien, Australien, Europa, Indien und den Amerikas. Alle haben unsere Leitsätze in ihre Leitungsarbeit integriert. Das können Sie auch!

Ein zusätzlicher Vorteil ist, dass Sie sich um die Einstellungen der Menschen, ihre Motive, zurückgehaltenen Agenden, ihren

Status und ihre Vorlieben keine Sorgen mehr machen müssen. Stattdessen lernen Sie mit strukturellen Interventionen zu arbeiten, damit sich die Gruppe als Ganzes auf ihre Aufgaben konzentrieren kann. Wenn Sie erkennen, wann es richtig ist einzugreifen und wann einfach „Nichts zu tun", fügen Sie Ihre positiven Energien dem Strom des Lebens hinzu. Sie werden erleben, wie jedes Treffen seine Bedeutung entfaltet und etwas bewegt.

Marvin Weisbord & Sandra Janoff

Wynnewood, Pennsylvania, USA
im März 2007

Danke

Alle aufzuzählen, die dieses Buch mit aus der Taufe gehoben haben, ist unmöglich.

Unsere Freunde und Lehrmeister, deren Konzepte und Verfahren wir in der Zusammenarbeit mit ihnen selbst kennengelernt haben, stellen wir in der Einleitung vor.

An dieser Stelle nennen wir Kolleg*innen*, deren Erfahrungen und Beiträge unseren Horizont erweitert haben und in dieses Buch eingeflossen sind: Billie Alban, Richard Aronson, Tova Averbuch, Dick Axelrod, Anne Badillo, Jean-Pierre Beaulieu, Susan Berg, Lisa Beutler, Drusilla Copeland, Ralph Copleman, Keith Cox, Shem Cohen, Avner Haramati, Liisa Hardaloupas, Steve Johnson, Jean Katz, Bengt Lindstrom, Joe Matthews, Phil Mix, Kazuhiro Nakamura, Peter Norlin, Bonnie Olson, Larry Porter, Grace Potts, Judy Schector, Mark Smith, Bill Wood und Bob Woodruff.

Die Mitarbeiter*innen* des Berrett-Koehler Verlags standen uns bei vielen kleinen und großen Entscheidungen zur Seite. Dies gilt insbesondere für Steve Piersanti, der uns eine Struktur vorschlug, in der wir die sehr unterschiedlichen Konzepte zusammenhängend darstellen konnten.

Steve Cady, Larry Dressler, Sara Jane Hope und Irene Sitbon haben bei der Durchsicht des Buches zu dessen Klarheit und Genauigkeit beigetragen. Die Rückmeldungen von Claudia Chowaniec, John Evans, Tony Morrison, Douglas O'Loughlin und Gail Scott waren sehr hilfreich für uns.

Wenn es dennoch irgendwo klemmt, geben Sie getrost uns die Schuld.

Die Unterstützung von Hunderten von Mitgliedern des Future Search Networks war uns ganz besonders wichtig. Durch ihre

Arbeit in der ganzen Welt wurde die Alltagstauglichkeit der Leitsätze belegt und das Leben von Zehntausenden verändert.

Ohne die Liebe und Geduld unserer Partner Dorothy Barclay Weisbord und Allan Kobernick und unserer Familien wäre unsere Arbeit unmöglich – und dieses Buch nie geschrieben worden.

Einführung

Machen Sie aus jedem Treffen etwas Besonderes

Wir haben dieses Buch geschrieben, um Ihnen zu helfen, aus den Treffen, die Sie gestalten und leiten, etwas Besonderes zu machen. Sie können mit wenigen einfachen Verfahren Ihre Praxis verbessern. Gleichzeitig entwickeln Sie ein Gespür dafür, welche Ihrer Verfahren nichts mehr taugen. Vor allem setzen Sie sich mit Ihren eigenen Annahmen auseinander, die Sie zu einem Treffen haben.

Wenn Sie nach unseren Leitsätzen handeln, achten Sie bei allen Zusammenkünften akribisch auf bestimmte Strukturelemente. Dazu gehört, die „richtigen" Leute (im Hinblick auf die angestrebten Ziele) einzuladen und so einfache Dinge wie den Verlauf, die Raumgestaltung und die Sitzordnung bis ins Detail zu planen. Außerdem entwickeln Sie ein geschärftes Bewusstsein für Schlüsselfaktoren, die nur wenige beachten. Zum Beispiel achten Sie in Ihren Treffen stärker auf Teilgruppen, die sich bilden und blitzschnell alles aus der Bahn werfen oder auch ganz neue Perspektiven eröffnen können. Sie erkennen deutlicher, was die Teilnehmenden von Ihnen erwarten und welche Ansprüche Sie an *sich selbst* stellen.

Dagegen machen Sie sich keine Sorgen mehr über die Motive der Teilnehmenden, ihre Haltung und persönlichen Launen. Anstatt Verhalten ändern zu wollen, gestalten Sie Strukturen – die Bedingungen, unter denen Menschen untereinander Kontakt aufnehmen. Der einzige, dessen Verhalten Sie gestalten werden, sind Sie selbst.

Vor vielen Jahren begannen wir unser Augenmerk auf die

Strukturen zu richten, weg vom Verhalten der Menschen. Wir waren auf wiederkehrende Muster gestoßen, die unser Streben nach Beteiligung und Ergebnissen von Treffen und die Umsetzung von Handlungsplänen nach den Treffen vereitelten. Unter anderem waren aus unserer Sicht oft die „falschen" Leute anwesend, da sie als Gruppe nicht genügend Einfluss, Sachverstand oder Informationen hatten, um Absprachen oder Entscheidungen zu treffen. Das führt zu unzähligen ergebnisarmen und folgenlosen Zusammenkünften, die mit der Zeit auch die engagiertesten Teilnehmenden abschrecken. Unter diesen Bedingungen wollte niemand mehr an derartig frustrierenden Treffen teilnehmen. Für die, die trotzdem anwesend sein mussten, haben wir uns schier zerrissen, um ihrer Skepsis entgegenzuwirken… immer zu Lasten ergebnisorientierten Handelns.

Es fiel uns auch leicht, nicht angemessenes Verhalten unter den Teilnehmenden zu diagnostizieren. Solche Diagnosen erlauben die verführerische Illusion, man hätte alles unter Kontrolle, aber die meisten Menschen lassen sich nicht reparieren, ganz egal wie viele Werkzeuge Sie in Ihrem Werkzeugkoffer parat haben. Dagegen steuern Menschen sich selbst hervorragend, wenn wir die Bedingungen ändern, unter denen sie sich treffen.

Wir glauben, dass Strukturen um so entscheidender werden, je größer das Spektrum der Unterschiede zwischen den Menschen ist. Wenn Sie Unterschiede als Problem sehen, das unbedingt gelöst werden muss, jagen Sie den Wind. Unterschiede – kaum jemand mag sie – halten Menschen oft davon ab, ihr Bestes zu tun. Betrachten Sie Unterschiede einfach als Tatsachen des Lebens… und Strukturen als Unterstützung, um Verantwortung übernehmen zu können.

In der Arbeit mit heterogenen Gruppen waren wir nicht länger in der Lage, die Bedürfnisse von einzelnen oder der Gruppe zu erkennen. Wir mussten lernen, Unterschiede zu achten und gleichzeitig darauf aufzubauen, was Menschen gemeinsam haben:

vor allem, dass für jeden die eigene Erfahrung gültig und maßgebend für sein Handeln ist.

Wenn Sie sich mehr auf Strukturen als auf Verhalten konzentrieren, werden Sie unterschiedliche Weltsichten, Annahmen und Klischees als ganz natürlich betrachten. Unsere befreiendste Entdeckung war vielleicht zu erkennen, wie die Fähigkeit heterogener Gruppen wächst, handlungsorientiert zu arbeiten, sobald wir aller Unzulänglichkeiten akzeptieren, anstatt daran herumzudoktern. Wenn Sie sich darin üben, mit Menschen so zu arbeiten, wie sie sind, sparen Sie sich endlose Mühen.

Sie werden in zweierlei Hinsicht effektiver:

- Sie achten mehr darauf, Treffen in Richtung auf die Ziele zu gestalten. Sie erleben die erweiterte Fähigkeit der Gruppe, ihre Ziele zu erreichen – Ziele, von denen sie geglaubt hatten, sie seien unerreichbar.
- Sie entwickeln ein besseres Gespür dafür, wann Sie Strukturen umgestalten müssen und wann nicht. In dem Maße, wie es den Teilnehmenden gelingt, in der vorgegebenen Struktur ihren eigenen Weg zu finden, wird auch Ihr Selbstvertrauen steigen, mit neuen Situationen umzugehen, egal was die Gruppe vorhat.

Wie unser Buch entstanden ist

Am Anfang unserer Laufbahn hatte sich jeder von uns für seine Arbeit ein Repertoire an Techniken angeeignet, die wir für unverzichtbar hielten: Zielfindung, Teamentwicklung, Problemlösung, Visionsentwicklung, Strategische Planung, Konfliktbearbeitung und Selbsterfahrung. Wir hatten das ungewöhnliche Privileg, mit vielen Pionieren der Gruppenarbeit zusammenzuarbeiten. Sie entwickelten ein reichhaltiges Arsenal an Methoden, das Generationen von Praktikern beeinflusste.

Ein Vermächtnis – Unseres und Ihres

Der Einfluss auf unsere Arbeit geht zurück auf die allererste Studie, die die Unterschiede zwischen demokratischen, autokratischen und laissez-faire Leitern dokumentiert (Lewin, Lippitt und White, 1939). Bei diesen Forschungen eröffnete sich ein völlig neues Handlungsfeld, das als Gruppendynamik bekannt wurde.

Die Verfahren, für die wir eintreten, wurden inspiriert von Ronald Lippitt, Eric Trist und ihren Mitarbeitern Eva Schindler-Rainman und Fred Emery. Lippitt gehörte zu den Gründern der National Training Laboratories (NTL Institute) in den Vereinigten Staaten; Eric Trist war Mitbegründer des Tavistock Institute of Human Relations in Großbritannien.

Auf dem Gebiet der „Self-Differentiation“ wurden wir von John Weir (1975) und Joyce Weir beeinflusst, Pioniere der „personal growth laboratories“; von Yvonne Agazarian (1997), die eine „Theory of Living Human Systems“ für die Entstehung von funktionellen Teilgruppen entwickelte; von Claes Janssen (2005), der das Modell der „Vier-Zimmer-Wohnung“ für die persönliche und die Gruppenentwicklung entwarf; von Paul Lawrence, der zusammen mit Jay Lorsch (Lawrence und Lorsch, 1967) zeigte, wie sich die „Aufgliedern/Zusammenfügen“ Theorie auf Organisationen anwenden lässt; und von Gunnar Hjelholt (Madsen und Willert, 2006), einem dänischen Sozialwissenschaftler, der uns anregte, Treffen mit einem höheren Ziel zu verbinden, unter dem Teilnehmende ihre Unterschiede hinter sich lassen.

Während die Welt immer vielfältiger wurde und sich alles immer schneller veränderte, füllten wir unsere Bücherregale mit mehr Methoden, als wir jemals würden anwenden können. Um unsere eigenen Ängste in den Griff zu bekommen, errichteten wir immer größere Hürden in dem Glauben, dass ein großer Werkzeugkoffer bessere Handwerker aus uns machen würde.

Am Ende der 80er Jahre begriffen wir schließlich, dass wir angesichts all der unterschiedlichen Kulturen und persönlichen

Eigenarten der Teilnehmenden, mit denen wir es zu tun hatten, niemals für jedes Treffen das richtige Werkzeug zur Hand haben würden. Niemand konnte sich dauernd neue Allzweck-Verfahren ausdenken, um mit den immer größeren Problemen einer unaufhörlich sich entfaltenden Komplexität fertig zu werden. Der einzige Weg, diesen Hinderniskurs zu verlassen, bestand darin, die Jagd nach neuen Verfahren aufzugeben.

Alles auf den Prüfstand

Für uns begann eine Periode des Übergangs, die mehrere Jahre andauerte. Wir begannen Anfragen abzulehnen, bei denen die Arbeit von einem Tag in zwei Stunden gepresst werden sollte. Wir dünnten unser Repertoire auf wenige *strukturbezogene* Verfahren aus, mit denen fast alle etwas anfangen konnten. Wir entschieden uns Treffen so aufzubauen, dass jeder seine bereits vorhandenen Erfahrungen, Fähigkeiten und Wünsche einbringen konnte. Das führt letztendlich zu Umsetzungsschritten – oder zu der bewussten Entscheidung nichts zu tun. Wir übernahmen eine Theorie, die uns zeigte, wann wir eingreifen und wann einfach nur dastehen – und Nichts tun – sollten. Wir legten uns darauf fest, mit Menschen so zu arbeiten, wie sie sind – nicht wie wir sie uns wünschen.

Auf diesem Weg flossen unsere ersten Erfahrungen in ein Buch zur strategischen Planung ein, das wir *Future Search* nannten (Weisbord und Janoff, 2000). Dort wird beschrieben, wie wir nach und nach fast alle Verfahren zur Leitung von Treffen fallenließen, auf die wir bis jetzt gebaut hatten.

Einige Veränderungen waren reine Ketzerei gegenüber heiligen Kühen wie Konfliktmanagement und Prioritätensetzung. Stattdessen führten wir „Gemeinsame Grundeinstellung“ – Verständigung aller – ein, und Abstimmung mit den Füßen – die Teilnehmenden entscheiden sich für das, was sie wirklich interessiert und nicht für vermeintlich gute Ideen. Wir stellten Dialog in den Mittelpunkt – alle Ansichten kommen zu Wort, ohne sie weiter zu diskutieren. Wir achteten auch auf Situationen, in denen Teilnehmende sich gegenseitig mit sorglosen Kommentaren zu Sündenböcken stempelten und damit alle von der eigentlichen Aufgabe ablenkten.

Wir verabschiedeten uns von Etiketten wie „Widerstand“ und „Verteidigung“ und hielten uns an die Erkenntnis, dass jeder in einer Gruppe wie im Leben das ihm gerade Bestmögliche tut. Unser erster Schritt bestand nicht mehr darin, Probleme zu sammeln, sondern ein umfassendes Bild des Ganzen und der idealen Zukunft zu erstellen, bevor Handlungspläne geschmiedet wurden. Wir hörten auf zu fragen, was alles schiefgelaufen war und wie es wieder ins Lot kommen sollte. Jetzt fragten wir: Welche Möglichkeiten sehen wir hier, und wer kümmert sich?

In der Arbeit mit großen Gruppen wurde unser Maßstab für Veränderung die Handlungsfähigkeit des Gesamtsystems und nicht, wie zufrieden Einzelne waren oder wie perfekt kleine Gruppen ihre Arbeit steuerten. Wir ermutigten die Kleingruppen, sich selbst zu steuern, ohne Leitung durch professionelle Begleiter. Wir trugen unsere frühere Annahme zu Grabe, dass Teilnehmende, die sich nicht äußern, die Ziele und Entscheidungen der Veranstaltung mittragen. Und wir widmeten unsere größte Aufmerksamkeit den kritischen Momenten, wenn die Gesamtgruppe drohte auseinanderzubrechen, sich in Kämpfe zu verstricken oder einfach die Aufgabe aus den Augen verlor.

Unter diesen Bedingungen arbeiteten die Teilnehmenden weit effektiver und mit größerer Zufriedenheit als zu den Zeiten, in denen wir versucht hatten, alle Details selbst zu verantworten. Je weniger wir taten, desto mehr übernahmen sie. Sie mussten nicht überredet werden, Dinge in die Hand zu nehmen, und auch nicht mit komplexen Strategien für die Weiterarbeit nach den Treffen ausgestattet werden. Wir versuchten nicht mehr, irgendjemanden zu ändern. Stattdessen änderten wir die Bedingungen, unter denen die Teilnehmenden zusammenkamen. Zu unserer Überraschung gestalteten sie ihre Beziehungen um so besser, je mehr wir uns um die Gestaltung der Strukturen kümmerten. Die Veränderung der Strukturen einer Veranstaltung erleichtert den Weg für Teilnehmende, die ihr eigenes Verhalten ändern wollen.

Nichts tun... ganz aufmerksam

Am meisten aber haben wir uns selbst verändert. Wir verabschiedeten uns von dem Anspruch, für alles eine Antwort haben zu müssen. Wir gaben es auf, die Probleme und Blockaden jeder Gruppe herausfinden zu müssen und alle immer bei Laune zu halten. Wir brachten uns selbst bei, weniger zu *tun* und aufmerksamer zu *sein*. Wir entwickelten eine wachsame Haltung des „einfach Nichts tun“: Beobachten, zuhören und die Teilnehmenden einladen zu sagen, worüber sie gerade nachdenken.

Unser Freund Dawn Rieken hat dieses Verhalten wunderbar beschrieben: nach außen ruhig, innen aktiv. Wir sind meistens innerlich aktiv. Die Kunst besteht darin, von „ängstlich“ auf „beobachtend“ umzuschalten. Dabei werden wir von einer Theorie unterstützt, die beschreibt, was notwendig ist, damit Menschen sich selbst steuern. Diese Theorie gibt uns Halt... wir stellen sie im nächsten Abschnitt vor.

Trotzdem gibt es Situationen, in denen die Teilnehmenden sich anschicken, über die Ziele der Veranstaltung, ihre Aufgaben, Herausforderungen oder Entscheidungen zu streiten, oder sich vor ihnen zu drücken. Dann werden wir auch sichtbar aktiv. Wir mischen uns ein, sagen und tun aber so wenig wie nötig, um einen drohenden Streit zu unterbrechen, ein schwer fassbares Ziel zu klären, oder eine andere Möglichkeit ins Spiel zu bringen. Solche Situationen meistern wir am besten, wenn wir unsere eigenen Ängste im Zaum halten und innerlich gelassen bleiben.

Aufgliedern/Zusammenfügen (A/Z) – Eine Theorie für eine komplexe Welt

Dieses Buch wurde erst möglich durch ein Aha-Erlebnis, das wir ganz am Anfang unserer Zusammenarbeit hatten: Wir nutzten Spielarten derselben Theorie, Sandra auf den Gebieten Pädagogik und Psychologie, Marvin in der Unternehmens- und Organisationsberatung. Wir wandten beide die Aufgliedern/Zusammenfügen (A/Z) Theorie in unserer Arbeit mit Schülern, Auftraggebern und auch bei uns selbst an. Wenn Systeme aufgegliedert und danach wieder zusammengefügt werden, entsteht ein neues, transformiertes System, das wirksamer als das alte System mit aktuellen Herausforderungen fertig wird.

Eine Theorie ist keine Methode. Sie liefert Deutungsmuster für die Wirklichkeit, um mit größerer Gewissheit handeln zu können. Die A/Z Theorie half uns, in einer Welt verwirrender Komplexität zurechtzukommen, in einer Welt ständig ausfächernder Vielfalt, unterschiedlicher Interessen und immerwährenden Wandels.

Wir wollten Gruppen besser leiten und erkannten allmählich, dass wir dafür in dieser neuen Welt die A/Z Theorie konsequent anwenden mussten. Das tun wir, indem wir die Teilnehmenden unterstützen, sich nach ihren Interessen einander zuzuordnen – sich in Teilgruppen/Teilsysteme aufzugliedern – ohne jemanden auszuschließen. In einem weiteren Schritt fügen sich die Teile zu dem neuen Ganzen zusammen, ohne dass wir dabei in irgendeiner Weise einen Einigungsdruck ausüben. Das so entstandene System ist jetzt besser in der Lage an seinen Aufgaben zu arbeiten.

Gemeinsames Handeln ist unwahrscheinlich, wenn die Teilnehmenden am Anfang ihre unterschiedlichen Interessen nicht aufgliedern können. Um Zusammenarbeit und gemeinsame Ziele zu erreichen, müssen auch Unterschiede gesehen, erkannt – und anerkannt werden. Auf dem Weg zum gemeinsamen Handeln sind die auftretenden Polarisierungen ein normaler, zum Transformationsprozess gehörender Bestandteil.

Die A/Z Theorie hat eine lange Geschichte in der Biologie, Entwicklungspsychologie, Mathematik und Sozialpsychologie. Schon in unseren ersten Momenten auf der Erde lässt sie sich anwenden. Wir beginnen unser Leben als einzelne Zelle, die sich teilt und weiter teilt. Zellen entwickeln sich, um verschiedene Funktionen auszuführen – ein schlagendes Herz, ein denkendes Gehirn, ein Verdauungssystem, alle einzigartig in Zweck und Struktur, zusammengefügt zu einem ebenso einzigartigen Modell eines Menschen.

Analogien zur Funktionsweise von Organisationen bieten sich an. Stellen Sie sich ein Unternehmen vor, das Produkte oder Dienstleistungen auf den Markt bringt. Es besteht aus den Abteilungen Forschung und Entwicklung, Herstellung, Verkauf und Datenverarbeitung. Die Abteilungen unterscheiden sich in ihren strukturellen Anforderungen, und keine kann alle Aufgaben der Organisation alleine bewältigen. Sie sind konfrontiert mit einer kniffligen A/Z Herausforderung: An ihren Unterschieden festhalten *und* sich gleichzeitig für *ein* Ergebnis zusammenfügen, das keine alleine erreichen kann. Die Abteilungen können es sich nicht leisten, sich gegenseitig die Existenzberechtigung abzusprechen.

Wir beschreiben in diesem Buch einige der vielen praktischen Anwendungsmöglichkeiten der A/Z Theorie, die wir aus unserer Arbeit entwickelt haben. Sie können die Theorie anwenden, um zu verstehen, warum einige Systeme besser funktionieren als andere, oder um zu ermitteln, wen Sie zu einem Treffen einladen wollen, oder wie Teilgruppen eingesetzt werden sollen. Aus der A/Z Theorie lassen sich Verfahren ableiten, um mit Konflikten umzugehen, Entscheidungen zu treffen und Handlungspläne umzusetzen. Wenn Sie sie zum ersten Mal anwenden, werden sich Ihnen vielleicht wichtige Einflüsse auf den Ablauf des Treffens erschließen, die Sie bis jetzt überhaupt noch nicht im Blick hatten. Es wird Ihnen deutlicher, wann es angezeigt ist, nichts zu sagen, wann zu sprechen und was Sie sagen werden. Sie werden selbst sehen, wie durch einige einfache Impulse Gruppen angesichts unvermeidbarer Unterschiede weiterarbeiten können.

Das ist noch nicht alles. Die A/Z Theorie ermöglicht Einblick in Ihr Inneres, in das Potenzial für Ihre persönliche Entwicklung. Sie ermöglicht Ihnen eine deutlichere Sicht auf Ihre eigenen Übertragungen – das hilft Ihnen, Ihre Ängste in ungewohnten Situationen im Zaum zu halten. Es wird Ihnen besser gelingen, sich in bestimmten Situationen nicht einfangen zu lassen und vielleicht in einer Art und Weise zu reagieren, die Sie später bereuen.

Als Leiter, Manager oder Begleiter gestalten wir Strukturen und Verfahren so, dass die Beteiligten ihre spezifischen Unterschiede und die von anderen in ihrer Bedeutung für alle erkennen und ihre Fähigkeiten zum Nutzen des Ganzen zusammenfügen können. Der Kern einer effektiven Gestaltung von Treffen ist der transformierende Sprung von der Aufgliederung zur Zusammenfügung.

Aufbau des Buches

Das Buch besteht aus zwei Teilen: *Treffen leiten* und *Mich leiten*. In jedem Kapitel zeigen wir die A/Z Zusammenhänge auf, geben Beispiele für wirksame Interventionen, machen Vorschläge, was Sie ausprobieren sollten und warnen vor Fallen, die es zu vermeiden gilt.

Treffen leiten enthält sechs Leitsätze. „Das ganze System zusammenbringen" (Erster Leitsatz) kann für immer beeinflussen, wie Sie Treffen organisieren, wenn schnell und verbindlich gehandelt werden soll. Wir zeigen Ihnen, wie Sie all diejenigen zusammenbringen, die Entscheidungsbefugnis haben, über Ressourcen, Sachverstand und Informationen verfügen und von den Ergebnissen direkt betroffen sind. Ob sie dann handeln oder nicht, dieser Verantwortung können sie nicht aus dem Weg gehen.

„Alles kontrollieren – nur nicht das Verhalten" (Zweiter Leitsatz) verdeutlicht, was alles beachtet werden muss, um optimale Ergebnisse zu erreichen: Ziele, Zeitrahmen, Raum, Sitzordnung, Licht, Catering, Luft, Akustik, Verlauf, Einladungsliste, Größe der Arbeitsgruppen, der Umgang mit wechselnden Koalitionen und unterschiedlichen Sichtweisen.

Mit „Den Ganzen Elefanten untersuchen" (Dritter Leitsatz) lässt sich viel Zeit sparen, und Missverständnisse lassen sich vermeiden, die auftreten können, wenn sich die Teilnehmenden sofort auf die Problemlösung stürzen – und dabei aneinander vorbeireden. Wir zeigen Ihnen, wie man sich erst mal alle Seiten einer Situation anschaut, bevor man an irgendeiner Stelle anfängt etwas zu tun.

„Verantwortung wahrnehmen – gemeinschaftlich" (Vierter Leitsatz) hilft Ihnen, Treffen zu gestalten, in denen Verpflichtungen übernommen werden.

„Die Gemeinsame Grundeinstellung feststellen" (Fünfter Leitsatz) bietet eine Anleitung, wie die Teilnehmenden Werte, Ideale und Ziele erkennen können, die von jedem ungeachtet aller Unterschiede geteilt werden. Wenn Ihr Ziel ist, die Gemeinsame Grundeinstellung zu finden, schlagen wir eine neue Sichtweise auf Probleme und Konflikte vor. Wir betrachten sie eher als Informationen denn als etwas, an dem gearbeitet werden muss. Es gilt sie zu veröffentlichen, sie als einen gültigen Teil im Gesamtspektrum anzuerkennen, und dann geht es weiter, ohne dass wir alles geklärt haben müssen.

„Teilgruppen erkennen und mit ihnen arbeiten" (Sechster Leitsatz) gibt Ihnen eine kaum bekannte Methode an die Hand, mit der Gruppen intakt bleiben, sich auf ihre Aufgabe konzentrieren können und für neue Ideen empfänglich werden. Sie lernen funktionale Teilgruppen von solchen, die auf Annahmen basieren, zu unterscheiden und auch, wie Sie informelle Teilgruppen nutzen können, um Konflikte abzuwenden.

Der zweite Teil *Mich leiten* besteht aus vier Leitsätzen, mit denen Sie Ihre Begleitarbeit verbessern können. Wir beschreiben den Nutzen dieser Leitsätze und wie „Einfach mal Nichts tun" praktisch aussieht.

„Ich freunde mich mit Ängsten an" (Siebter Leitsatz) bietet Verfahren an für den Umgang mit Ihren eigenen Ängsten und denen der Gruppe, um sie in produktives Tun zu verwandeln.

„Ich werde mir der Übertragungen bewusst" (Achter Leitsatz) stellt ein praktisches, wenngleich ungewöhnliches Programm für Ihre Selbststeuerung vor. Wir helfen Ihnen, Ihre Übertragungen zu akzeptieren, die geliebten und die verhassten eigenen Anteile, die Sie in anderen Menschen gespiegelt sehen. Je mehr Ihrer eigenen Anteile Sie kennenlernen, desto größer wird die Bandbreite an Menschen, mit denen Sie zusammenarbeiten können. Diese Erkenntnisse bedeuten einen großen Schritt vorwärts auf dem Weg, „es nicht persönlich zu nehmen", ein leicht dahergesagter Rat, den wir uns auch selbst geben – oft vergeblich. Wir zeigen, wie das Bewusstsein für die eigenen Übertragungen es Ihnen erleichtert, mit verschiedenartigen Gruppen zu arbeiten, deren Mitglieder alles Mögliche auf Sie und die anderen in der Gruppe übertragen.

„Ich lerne, eine verlässliche Autorität zu sein!" (Neunter Leitsatz) unterscheidet die Autorität echter Führung von autoritärem Verhalten. Wir wollen Ihnen helfen, angemessen auf die Übertragungen anderer zu reagieren, die in Ihnen die Eltern, Lehrer, Chefs, Geschwister oder wen auch immer sehen, die sie einst idolisiert oder verabscheut haben.

„Ich lerne NEIN sagen, damit mein JA mehr bedeutet“ (Zehnter Leitsatz) unterstützt eine sträflich vernachlässigte Kunst – Nein zu sagen, wenn Sie glauben, dass unrealistische Erwartungen an die Ergebnisse der Veranstaltung einfach nicht eingelöst werden können.

Im letzten Abschnitt „Eine Einladung“ fassen wir den Nutzen unserer Philosophie, Theorie und Verfahren zusammen und laden dazu ein, unsere Verfahren bei Ihren alltäglichen Treffen einzusetzen, und dadurch Schritt für Schritt, von Treffen zu Treffen die Welt zu verändern... und sich selbst auch.

Das Buch schließt mit einer Bibliographie der Autoren, denen wir wertvolle Erkenntnisse für die Entwicklung unserer Philosophie und Methoden verdanken.

I Treffen leiten

1. Das ganze System zusammenbringen
2. Alles kontrollieren – nur nicht das Verhalten
3. Den „Ganzen Elefanten“ untersuchen
4. Verantwortung wahrnehmen – gemeinschaftlich
5. Die Gemeinsame Grundeinstellung feststellen
6. Teilgruppen erkennen und mit ihnen arbeiten

In diesen Kapiteln finden Sie alles, um ein Treffen planen, organisieren, strukturieren, leiten und begleiten zu können, ganz gleich, ob Sie für das Thema, die Tagesordnung, den Prozess oder die Ergebnisse verantwortlich sind.

Wir verwenden den Oberbegriff *leiten* für alle möglichen Rollen, die Sie einnehmen können. Wann immer Sie ein Treffen einberufen (Initiator oder Entscheidungsbefugter), oder vor einer Gruppe stehen und den Ablauf der Veranstaltung steuern (Begleiter), oder kurz übernehmen, um etwas vorzustellen (Experte), oder ein Gespräch moderieren (Moderator), *leiten* Sie, unabhängig von Ihrer Beziehung zu den Teilnehmenden, Ihrer Position in der Hierarchie oder Ihrer Rolle in der Gesellschaft.

Erster Leitsatz
Das ganze System zusammenbringen

Vor einigen Jahren veränderten und dezentralisierten 53 Mitarbeiter*innen* von IKEA in drei Tagen ein weltumspannendes System für Produktdesign, Herstellung und Vertrieb – am Beispiel eines Sofas (Weisbord & Janoff, 2005). Der Plan wurde von Mitarbeiter*innen* aus zehn Ländern entwickelt, die alle Teile des daran beteiligten Systems repräsentierten. Auch Kunden und Zulieferer beteiligten sich daran, ebenso der verantwortliche Geschäftsführer, der den Plan noch während des Treffens genehmigte, sodass mit der Umsetzung sofort begonnen werden konnte. Zwei Jahre später berichtete der Leiter für die Abteilung Sitzmöbel, dass IKEA seine gesamte Produktstrategie geändert habe und jetzt immer bei solchen Prozessen Produktentwickler, Zulieferer und Kunden frühzeitig zusammenbringe.

Als wir das Projekt bei einem Treffen vorstellten, machte eine Beraterin Abstriche an dieser ungewöhnlichen Leistung und sagte: „Natürlich konnten Sie das alles in drei Tagen hinkriegen. Sehen Sie doch mal, wer alles dabei war!"

Sie hatte Recht, und darum geht es in unserem ersten Kapitel.

Seit Marv erstmals „das Ganze System in einem Raum" als entscheidende Voraussetzung für schnelles Handeln in Organisationen erkannte, wird mit diesem Ansatz bei Treffen in der ganzen Welt gearbeitet (Weisbord 1987, 2004). Er entwickelte diesen Gedanken, als ihm in der Auseinandersetzung mit seiner eigenen jahrzehntelangen Beratungsarbeit die Unzulänglichkeiten sowohl der expertenzentrierten als auch der beteiligungsintensiven Problemlösung bei dem sich ständig beschleunigenden Wandel auffielen. Was früher gut funktionierte, schien jetzt dem wachsenden

Bedarf nach systemischen Lösungen nicht mehr zu entsprechen. Statt isoliert an einzelnen Problemen zu arbeiten, war die Zeit für eine systemische Herangehensweise mit größerer Beteiligung aller Systemangehörigen samt ihrem Wissen (zusätzlich zu dem Expertenwissen) gekommen. „Alle verbessern ganze Systeme" ist die große Herausforderung in der Gegenwart. Wir mussten Verfahren finden, mit denen *alle* ihre eigenen Systeme verbessern können, ohne selbst Systemexperten werden zu müssen. Bei unseren Versuchen haben wir und viele andere festgestellt, dass bei Problemen, Entscheidungen, strategischen Vorgaben und Plänen schneller gehandelt wird, wenn das „Ganze System" in einem Raum ist und alle relevanten Personen mitwirken... ganz unabhängig davon, mit welchem Verfahren gearbeitet wird. Überdies führte dieser Leitsatz dazu, dass auf allen Ebenen mehr Verantwortung übernommen wurde.

In diesem Kapitel beschreiben wir einen einfachen Weg, wie Sie das „Ganze System" erfassen, um die zu den Aufgaben passenden Menschen zu finden. Wir gehen davon aus, dass *keine* Aufgabe zu komplex ist, *wenn* die richtigen Menschen dafür zusammengebracht werden können. Tag für Tag finden tausende Treffen jeder Länge statt, bei denen Teilnehmende ihre Fähigkeiten, Erfahrungen oder Leidenschaft nicht produktiv einsetzen können, weil Schlüsselpersonen nicht dabei sind. Wenn Sie Ihren „Systemblick" schärfen, werden Ihre Treffen anders verlaufen.

Wir haben mehrere Kolleg*innen* gefragt, wie sie den Leitgedanken des „Ganzen Systems" angewendet haben. Die Beispiele aus ihrer Arbeit veranschaulichen, wie unterschiedlich Systeme näher bestimmt und wie mit den „richtigen" Teilnehmer*innen* außergewöhnliche Ergebnisse erzielt werden können.

Sechs Maßnahmen zur Verbesserung ganzer Systeme

1. Fragen Sie, wer alles zu dem ganzen System gehört

Wer alles zum System gehört, kommt auf den Zweck des Treffens an. Für jedes Anliegen gibt es immer eine Kerngruppe, die durch weitere Personen ergänzt werden muss, um das Anliegen wirksam zu bearbeiten. Der Begriff „Ganzes System" darf nicht so verstanden werden, dass jedes einzelne Systemmitglied dabei sein muss. Glücklicherweise ist das nicht notwendig. Es werden unterschiedliche Teilnehmende gebraucht, die als Gruppe über alles verfügen, um handeln zu können... wenn sie das wollen.

Wir definieren ein ganzes System als eine Gruppe mit

- Entscheidungsbefugnis
- Ressourcen wie Kontakte, Beziehungen, Zeit oder Geld
- Sachverstand über die zu behandelnden Anliegen
- Informationen zu dem gesamten Themenkomplex, die niemand sonst hat
- Bedarf beteiligt zu sein, weil sie als Betroffene die Folgen tragen müssen und einschätzen können

Wenn ein System näher bestimmt wird, um sicherzugehen, dass die „richtigen" Leute dabei sind, erweitern sich seine Grenzen mit dem Kreis der einbezogenen Akteure aus dem Gemeinwesen, der Organisation oder der zu einem Thema gehörenden Schlüsselpersonen, die bei dem Treffen vielleicht zum ersten Mal in dieser Konstellation zusammenkommen. Die Teilnehmenden erstellen ein Mosaik aus dem, was jeder weiß, und entdecken so das Ganze. „Systemisches Denken" wird erfahren, aus dem Konzept entsteht etwas Lebendiges. Die Natur des Ganzen wird für alle nur fassbar, wenn sie an dem Prozess beteiligt sind, durch den das Mosaik sichtbar wird. Menschen handeln verantwortlich, wenn sie die Auswirkungen ihres Handelns auf das ganze System verstehen.

Wenn ein ganzes System im Raum ist, öffnen sich Türen, durch die bisher niemand gegangen ist.

– Beispiel –

Einwirkung auf die Umweltschutzpolitik eines Landes

„Als ich im ‚National Resources Management' der Südafrikanischen Entwicklungsgemeinschaft arbeitete, habe ich viele Workshops für hochrangige Beamte aus dem Umwelt- und Naturschutz organisiert", sagte Steve Johnson vom Botswanischen Ministerium für Nationalparks. „Die Treffen wurden an Orten abgehalten, an denen das jeweilige Thema zum Umgang mit der Natur eine Rolle spielte und exemplarisch einbezogen werden konnte. Irgendwann kamen wir zu dem Schluss, dass wir lediglich den Bekehrten predigten, wenn wir nur Beamte aus dem Natur- und Umweltschutz dabei hatten.

Also änderte ich unser Verfahren. Ich lud Minister und Staatssekretäre ein, Abteilungsleiter aus Bereichen wie Finanzen, Handel und Industrie, Landwirtschaft, Tourismus und Grund und Boden, dazu Vertreter aus der Privatwirtschaft, Stammeshäuptlinge und weitere Interessierte aus der Bevölkerung. Im Großen und Ganzen bekamen wir ‚das Ganze System in den Raum'. Auf einmal wurden Dinge konkret in die Hand genommen. Ein Minister aus Mosambik kümmerte sich um die Verabschiedung einer offiziellen gemeinwesenorientierten Richtlinie für den Umgang mit der Natur. Er forderte auch einen ähnlichen Workshop wie den unseren für seinen ständigen Ausschuss im Parlament von Mozambique (ein Querschnitt von Parlamentariern), was zu einem der robusteren Entwicklungsprozesse im Bereich Naturschutz im ganzen südlichen Afrika führte."

2. Achten Sie darauf, dass Teilnehmende und Aufgaben zusammenpassen

Kein Anliegen ist zu groß oder zu klein, solange die Arbeit an den Anliegen im Rahmen der Fähigkeiten der Teilnehmenden liegt.

– Beispiel –

Wiedereröffnung einer Kindertagesstätte

Ein kleiner Bezirk an der nördlichen Küste der Insel Oahu beteiligte Vertreter unterschiedlicher Interessengruppen an einem Planungstreffen, das großen Einfluss auf das Gesundheitswesen, die Verkehrssicherheit, die Lehrpläne an den weiterführenden Schulen und viele andere Dinge im Bezirk haben würde. Die Anwesenden wurden sich unter anderem bewusst, dass der Bezirk seine einzige Kindertagesstätte verloren hatte, weil kein Geld mehr da war... 30 kleine Kinder und ihre Familien waren betroffen. Zwei der Teilnehmenden, ein Koch aus einer Schulcafeteria und ein Arbeiter der Telefongesellschaft im Ruhestand, ermutigt durch die Begeisterung ihrer Nachbarn, luden zu ihrem eigenen Treffen mit Eltern, Lehrern und anderen Betroffenen ein. Innerhalb von drei Monaten und nach mehreren Treffen trieben sie neue Mittel auf und eröffneten die Kindertagesstätte wieder. Neun Jahre später hatten sie sich auf drei Kitas vergrößert und veranstalteten immer noch Treffen „mit dem Ganzen System im Raum“, um ihre Probleme zu lösen.

Je weitreichender die Ziele sind, desto breiter muss die Palette unterschiedlich Interessierter unter den Beteiligten sein.

– Beispiel –

Verkehrsinfarkt am Himmel verhindern

Im Frühjahr 2004 wurde die Flugsicherung in den USA mit einer erschreckenden Entwicklung konfrontiert: Verkehrsinfarkt am Himmel im Sommer, außer die Nutzer des nationalen Luftraums können sich auf neue Verfahren einigen. Seit Jahren hatten sich Experten getroffen, um den zunehmenden Stau im Luftraum anzugehen, aber diese Treffen endeten nur in Konflikten, und man

> konnte sich nie einigen. Diesmal lud die Flugsicherung zu einem Treffen ein, das es so noch nie gegeben hatte. Alle Nutzer des Luftraums versammelten sich: große und kleine Fluggesellschaften, Luftfrachtunternehmen, die Streitkräfte, verschiedene Pilotenvereinigungen, die Gewerkschaften der Piloten, Fluglotsen und andere, die sich um den Luftverkehr Sorgen machten.
>
> Entnervt von den frustrierenden Begegnungen der letzten Jahre, wiederholten sie die alten Geschichten über das immer komplexer werdende System.
>
> Dann ging ihnen ein Licht auf.
>
> Alle maßgeblichen Betroffenen waren anwesend. Wenn diese Gruppe nicht handeln konnte, dann konnte es niemand! Schließlich gelobten sie „den Schmerz zu teilen“ und einigten sich auf radikale Veränderungen in der Verwaltung des Luftverkehrs. Unter anderem änderten sie ein jahrzehntealtes Verfahren, das die Priorität der einzelnen Flüge im Luftraum regelte. Alle waren sich einig, dass die Flugsicherung, der einzige Akteur mit einem systemumfassenden Blick, lange Verspätungen an verstopften Flughäfen als kleine Verzögerungen auf viele Flüge im ganzen Land verteilen sollte, um diese Flughäfen zu entlasten. Weil alle Betroffene dabei waren, dauerte es nur 18 Stunden, dringend notwendige Systemveränderungen zu verabreden (Weisbord und Janoff, 2006).

In diesem Beispiel haben alle Entscheider und die, die die neuen Pläne umsetzen würden, das Problem und seine Lösung gemeinsam bearbeitet. Obwohl sie ein Vorhaben mit großer Tragweite in Angriff nahmen, konnten sie es durchführen, weil sie gemeinsam die Ressourcen dafür besaßen.

Oft ist ein Vorhaben allerdings zu groß für die Beteiligten. Vielleicht ist der häufigste Planungsfehler auf unserem Planeten, Gruppen ohne die Schlüsselakteure zusammenzubringen, die für die anstehende Arbeit unerlässlich sind. Das führt zu dem allgemein bekannten Ritual, von dem ständig in den Zeitungen berichtet wird. Ein Positionspapier wird verfasst. Eine Gruppe „bedeutender Autoritäten“ befürwortet eine Vorgehensweise. Experten sind sich einig, was das Beste für alle anderen ist.

Viele gehen davon aus, dass alle salutieren und sogleich mit der Umsetzung beginnen, wenn diese Autoritäten oder Experten einem Plan ihren Segen geben. Das passiert so nie. Es ist kaum zu glauben, dass für solche Torheiten immer wieder Zeit und Geld verschwendet wird.

– Beispiel –

Experten + Geld = 0

Eine Gesundheitsbehörde eines Bundesstaates suchte nach einem neuen Weg, um Alkohol- und Drogenmissbrauch in sozialen Brennpunkten zu begegnen. Sie setzte eine Kommission aus Suchtexperten *(Sachverstand)* und für die Mittelbeschaffung wichtige Personen *(Ressourcen)* ein, um an dieser Frage zu arbeiten. Nach monatelanger Beratung legte die Kommission einen hervorragenden Plan vor, der auf Informationsvermittlung in den Schulen und einem Peer-Präventionsmodell basierte. Dieser Plan wurde prompt von allen unterminiert, die nicht dabei gewesen waren: Nachbarschaftseinrichtungen mit ihrem Fachpersonal *(Information)*, Leiter und Entscheider aus dem Bildungsbereich und den Drogenpräventionszentren *(Entscheidungsbefugnis)*, und Jugendliche und ihre Familien *(Betroffene)*. Keine dieser Gruppen war an dem Planungsprozess beteiligt worden.

3. Passen Sie die Länge des Treffens der Aufgabenstellung an

Treffen, die das ganze System einschließen, müssen nicht drei Tage dauern, um effektiv zu sein. Sie können einen kürzeren Verlauf wählen, wenn

- die Aufgabenstellung sehr fokussiert ist
- viele andere aus dem System bereits an Schlüsselanliegen Vorarbeit geleistet haben
- und/oder das Ziel nicht kontrovers ist, aber nicht gut verstanden wird

In diesen Fällen geht es bei den Treffen eher um Verabredungen zwischen den Beteiligten über den einzuschlagenden Weg, die nächsten Handlungsschritte und die dafür notwendigen Strukturen.

– Beispiel –

Das Augenmerk der Landespolitik auf die Lebensqualität von Kindern richten

Das „Kinder"-Kabinett von Maine, fünf hochrangige Ministerienvertreter unter dem Vorsitz der First Lady des Bundesstaates, machte 2003 die Reduzierung des „Nachteiligen Kindheitserfahrungen Syndroms" zu einer Angelegenheit höchster bundesstaatlicher Priorität. Das Ministerium für Gesundheit und Soziales beschloss neue Forschungsergebnisse zu nutzen, um Politiker mit Richtlinienkompetenz zu beeinflussen und in der Bevölkerung Basisaktivitäten für Kinder und Familien anzustoßen. Richard Aronson, Medizinischer Leiter der Abteilung für Gesundheit von Mutter und Kind, erkannte, dass dieses ehrgeizige Ziel Unterstützung von vielen Seiten benötigte, und organisierte zwei intensive zweistündige Treffen. Dabei trafen sich ein Dutzend Schlüsselpersonen, die als Gruppe über alles verfügten, um handeln zu können – sich aber noch nie alle zusammen getroffen hatten.

- Akademiker der Universität von Neu England
- Krankenschwestern aus dem öffentlichen Gesundheitsdienst
- Mitarbeiter*innen* des Programms für Frauen, Säuglinge und Kinder
- Mitarbeiter*innen* des Netzwerkes Kindesmissbrauch
- Mitglieder des Untersuchungsausschusses zu Kindstod und schweren Verletzungen
- Vertreter des Ministeriums für Gesundheit und Soziales
- Mitarbeiter*innen* des Ministeriums für Bildung
- Angehörige des Ministeriums für Strafvollzug

In diesem Forum kamen alle Sichtweisen zu Wort. Bei der gemeinsamen Planung, Forschungsergebnisse in aktuelle Politik umzusetzen, gab es sichtbare Fortschritte. Unter anderem vereinbarten das Ministerium für Gesundheit und Soziales und die Universität von Neu England, eine Zusammenarbeit bei einem Forschungsprojekt zu prüfen, das an den Interessen der Betroffenen ansetzte. Die Treffen führten außerdem zur Vorstellung des Forschungsberichtes zum „Nachteiligen Kindheitserfahrungen Syndrom" direkt im „Kinder"-Kabinett, mit starker Unterstützung durch die First Lady. Ein anderes Ergebnis war ein Forum für den ganzen Bundesstaat zu „Nachteiligen Kindheitserfahrungen und Innerer Widerstandskraft", bei dem beschlossen wurde, wie die Forschungsergebnisse in den klinischen Alltag einfließen.

Aronson hat schon viele derartige Treffen begleitet, die von einer Stunde bis zu mehreren Tagen dauern. Er arbeitet dabei immer nach dem Leitsatz „Das Ganze System zusammenbringen".

4. Sorgen Sie für genügend Zeit, damit die Teilnehmenden sich aussprechen können

Wenn es um Themen geht, die das Leben und die Arbeit vieler Menschen direkt berühren, sind längere Treffen notwendig, selbst wenn nur Richtlinien in Organisationen verändert werden sollen. Wenn es um ihre Gefühle geht, brauchen die Teilnehmenden Zeit, bevor sie die notwendigen Handlungsschritte als ihre eigenen sehen können.

– Beispiel –

Den Status Quo herausfordern

Der Internal Revenue Service (IRS), die nationale Steuerbehörde, zu deren „Kunden" alle zählen, die in den USA Geld verdienen, hatte eine Abteilung mit 15 000 Mitarbeiter*innen*, die telefonisch oder schriftlich Fragen der Steuerpflichtigen beantworteten. Nach einer Umstrukturierung sollte die Zusammenarbeit zwischen den Mitarbeiter*innen* der Zentrale und den Außendienststellen gefördert werden.

Dafür wurde ein dreitägiges Treffen mit 32 Schlüsselpersonen einberufen:

- Direktoren der Außenstellen
- Planer in den Außenstellen mit Kontakt zur Zentrale
- Leitende Manager aus der Zentrale
- Leiter der Behörde

„Es war nicht stressfrei", sagte Susan Berg, die mit Mark Smith das Treffen leitete. „Es gab vor der Konferenz zwei sehr angespannte Treffen der Steuerungsgruppe, um Schlüsselthemen herauszuarbeiten, die im Hinblick auf die Bedeutung für das ganze System zusätzlich mit der Behördenspitze reflektiert wurden.

Der erste Tag war mühsam. Die Teilnehmenden mussten sich erst ihre Gefühle zu allem, was in der Vergangenheit gelaufen war, von der Seele reden, bevor sie Neues ins Auge fassen konnten. Solange die Gruppe mit der Vergangenheitsbewältigung beschäftigt war, gab es für etwas anderes keinen Raum.

Es dauerte ziemlich lange. Und dann entschieden sie sich gemeinschaftlich, den nächsten Schritt zu machen.

Der zweite Tag war energiegeladen und handlungsorientiert. Einer kommentierte das später so: ‚Wir brauchten den Dienstag, um zu Mittwoch zu kommen!' Während des Treffens sagten einige, dass sie bisher noch nie offen darüber reden konnten, was aus ihrer Sicht richtig lief und was nicht. Am dritten Tag krempelten die Teilnehmenden die Ärmel hoch, stürzten sich in die Handlungsplanung und sprachen darüber, was sie ändern müssten."

Diese 32 Teilnehmenden waren im Stande, sofort die Verfahren zu ändern, nach denen bisher einzelne Bereiche überprüft worden waren, ein neues System für wöchentliche Voice Mails an alle Manager einzuführen, vierteljährliche Auswertungstreffen für Mitarbeiter*innen* aus verschiedenen Abteilungen einzurichten und ein Berichtswesen zu entwickeln. Was früher Monate gedauert hätte, wurde hier in ein paar Tagen aus der Taufe gehoben.

5. Arbeiten Sie mit dem A/Z Ansatz

Wir nutzen bei allen zehn Leitsätzen Möglichkeiten des Aufgliederns und Zusammenfügens (A/Z), um die Arbeitsfähigkeit, die Zusammenarbeit und das Augenmerk der Gesamtgruppe auf die Aufgabe zu erhalten, beziehungsweise zu verbessern. Gruppen, Organisationen und Systeme steigern ihre Leistungen mit A/Z, weil sie dadurch ihr System gerade mit seinen unterschiedlichen Strukturen und Funktionen klarer erkennen und sich ihnen ein bisher nicht für möglich gehaltener erweiterter Handlungsspielraum eröffnet.

Drei Verfahren decken die meisten Situationen ab, die in unserer Praxis vorkommen.

- Zur *Aufgliederung* bitten wir alle Teilnehmenden, sich einzeln über ihre Ziele zu äußern oder sich dazu in Gruppen auszutauschen, deren Mitglieder funktionale Ähnlichkeiten aufweisen. Wenn es sich zum Beispiel um die langfristige Planung für eine Schule handelt, treffen sich in einer Gruppe die Lehrer, in der nächsten Mitarbeiter*innen* der Verwaltung, Eltern bilden eine Gruppe, Schüler eine... jede Teilgruppe klärt ihre Interessen und erläutert der Gesamtgruppe ihre Sichtweise.

- Damit die Teilnehmenden ihre unterschiedlichen Sichtweisen *zusammenfügen* können, tauschen sie sich in gemischten Gruppen aus. In jeder ist so das ganze Spektrum der Interessen versammelt.

- Wenn wir Teilgruppen zur Aufgliederung einrichten, beteiligen wir danach normalerweise alle an der Aufgabe, *zusammenzufügen*, was sie gelernt haben. Wir bitten die Teilgruppen immer, egal ob nach Funktionen aufgegliedert oder maximal gemischt, der Gesamtgruppe zu berichten. Das führt oft dazu, dass Teilnehmende ihre Ideen weiter für sich klären und zusammenfügende Aussagen machen, nachdem sie die Berichte von den Teilgruppen gehört haben.

Wenn wir diese auf dem A/Z Ansatz gründenden Verfahren anwenden, können wir aufgabenzentrierte Treffen für jeden Zweck vorbereiten und leiten – vorausgesetzt die *richtigen* Teilnehmenden für die Arbeit an den angestrebten Zielen sind anwesend.

– Beispiel –

Verwirrung in der Notaufnahme

Der Leiter der Notaufnahme in einem großen Krankenhaus wollte, dass aus den eher nebeneinander her arbeitenden Angestellten Mitarbeiter würden, die das Ganze mehr im Blick hatten. Er organisierte einen experimentellen Workshop für ungefähr 20 Mitarbeiter*innen* aus der Verwaltung, der Krankenhausapotheke, für Krankenpfleger*innen* und Ärzte, die täglich zusammenarbeiteten. Sie hatten bis jetzt niemals gemeinsam an der Gestaltung ihres Systems gearbeitet oder viel darüber nachgedacht. Jede Berufsgruppe handelte aufgrund ihrer Annahmen über die eigene Rolle und die der anderen. Kurz: Jede Gruppe hatte vorgefasste Meinungen über die jeweils anderen Gruppen.

Als Anfangsübung, die auf dem A/Z Ansatz gründete, setzte sich die Gruppe mit einem leicht verfremdeten Fallbeispiel aus ihrer eigenen Praxis auseinander, das die meisten kannten:

Eine Frau kam mit ernsthaften Schwindelanfällen in die Notaufnahme. Beim Aufnahmegespräch sagte sie, dass sie viermal am Tag „Drucktabletten“ nähme. Eine Krankenschwester fand in den Unterlagen ein zwei Wochen vorher ausgestelltes Rezept. Außer niedrigem Blutdruck schien alles in Ordnung zu sein. Der diensthabende Arzt sah das auch so: „Sehen Sie zu, dass sie ihre Tabletten nimmt“, meinte er. „Man muss diese Leute erziehen.“ Die Schwester wies darauf hin, dass die Patientin ihre Tabletten seit Monaten nahm und bis jetzt alles in Ordnung gewesen sei. Dann machte sie eine merkwürdige Entdeckung. Auf dem Aufkleber des Medikamentenfläschchens, das die Patientin mitgebracht hatte, war eine andere Dosierung angegeben als in der Patientenakte.

„Die Apotheke hat mal wieder geschlampt“, sagte die Schwester. „Ich ruf’ sie gleich an.“

„Vergessen Sie’s“, meinte der Arzt. „Die hören sowieso nie zu. Geben Sie ihr einfach ein neues Rezept.“

Die Schwester füllte das Rezept aus und der Arzt unterschrieb.

Ein paar Tage später tauchte die Frau nach einem Ohnmachtsanfall wieder in der Notaufnahme auf. Sie brachte zwei Fläschchen mit, in denen sich dieselbe Medizin unter verschiedenen Namen befand. Ein anderer Arzt rief den Apotheker an, der zwei Rezepte fand, die im Abstand von zwei Wochen ausgestellt worden waren: Eines enthielt das Medikament unter seinem Markennamen, das andere dasselbe Medikament als Generikum. Die Patientin glaubte, sie nähme zwei verschiedene Präparate ein.

„Das hätte Ihnen auffallen müssen“, sagte der Arzt zu dem Apotheker. „Reden Sie denn nicht mit Ihren Kunden?“

Der Apotheker meinte, die Frau hätte ihm gesagt, es hätte alles seine Richtigkeit. Dann fügte er noch hinzu: „So etwas passiert, wenn Ärzte einfach Rezepte unterschreiben, ohne sich den Fall genau anzusehen!“

Daraufhin rief der Arzt seinen Kollegen an, der das letzte Rezept ausgestellt hatte. Beide waren sich einig, dass die Schwester die Schuld träfe, weil sie es versäumt hatte, der Patientin das erste Medikamentenfläschchen wegzunehmen. Dazu meinte die Schwester: „So etwas passiert nur, wenn die Ärzte immer in kleinen Büros rumsitzen und Zeitschriften lesen.“

Das Fallbeispiel rief manch reuevolles Lächeln hervor. Anstatt die Konflikte zwischen den einzelnen Parteien anzusprechen, baten wir die Teilnehmenden, sich nach Arbeitsbereichen in vier Gruppen *aufzugliedern*: Krankenpflege, Apotheke, Arzt und Verwaltung, und aus ihrer jeweiligen Sicht die Situation zu „diagnostizieren“. Wie war die Patientin in Schwierigkeiten geraten? Jede Berufsgruppe hatte ihre eigene Sichtweise – die natürlich nicht das ganze System umfasste.

Danach ließen wir die Teilnehmenden fünf Gruppen à vier mit je einer Person aus jeder Berufsgruppe bilden, um ihre Sichtweisen *zusammenzufügen*. Die neuen Gruppen sollten „Verantwortlichkeitsdiagramme" entwickeln, die sicherstellen würden, dass solche Fehler nicht mehr vorkommen konnten. Jeder Beteiligte sollte eine von vier Bezeichnungen erhalten

- **W** hat das letzte Wort
- **V** führt verantwortlich durch
- **U** Unterstützung mit benötigten Mitteln
- **I** muss informiert werden, bevor eine Handlung durchgeführt wird

Alle Gruppen stellten kreative Lösungen vor. Der letzten Präsentation folgte fassungsloses Schweigen. Nicht zwei „Verantwortlichkeitsdiagramme" waren gleich. Einer der Ärzte stand auf, schlug sich mit der Hand an die Stirn und sagte: „Ist das zu glauben? Für diesen Fall gibt es nicht *die* richtige Lösung!"

Tatsächlich gab es fünf richtige Antworten. Jede gemischte Gruppe hatte aus allen vier beruflichen Sichtweisen eine brauchbare Lösung geknüpft. Die eigentliche Lösung lag nicht in einem idealen Verfahren, sondern darin, dass jeder die Erfahrung des anderen nachvollziehen konnte und gemeinsam entschieden wurde, wie am besten für die Patientin gesorgt werden konnte. Jeder durchschaute nach dieser Übung die systemischen Zusammenhänge in der Notaufnahme.

Und das alles in nur drei Stunden.

6. Wenden Sie die 3 × 3 Regel an, wenn nicht das ganze System zur Verfügung steht

Bringen Sie drei beliebige Ebenen und drei beliebige Funktionen in einen Austausch zu einem Anliegen, das alle Beteiligten betrifft. Es wird immer schneller eine bessere Lösung geben, wenn alle direkten Zugang zu anderen Teilen des Systems erhalten, von deren Verhalten sie abhängig sind. Ein Teilsystem lässt sich wirksam nur im Zusammenhang des ganzen Systems verändern, und das ganze System verändert sich nur im Zusammenhang mit seinen Teilsystemen.

Maßnahmen zur Verbesserung der Teamarbeit in den Teilsystemen führen so zwar zu besseren Teams – aber das ganze Unternehmen wird dadurch nicht vorangebracht, egal wie oft die effektiv arbeitenden Teams in ihren Teilsystemen zusammenkommen.

– Beispiel –

Warum ist denn Ihr Boss nicht dabei?

Das Management Team einer kleinen Abteilung eines großen Unternehmens traf sich, um seine Effektivität zu verbessern. Nach ein paar Stunden wurde klar, dass sie nicht vorankamen, weil die Unterstützung der übergeordneten Abteilungen aus der Konzernzentrale fehlte: Qualitätsmanagement, Finanzen und Personal. Deren Leiter hatten den gleichen Rang wie der Präsident der kleinen Abteilung, und über allen stand der Chef des Unternehmens.

Die Frustration stieg und einer der Manager fuhr den Präsidenten an: „Warum ist denn Ihr Boss nicht dabei? Nur er kann uns helfen.“

In der Mittagspause rief der Präsident seinen Chef an, der sofort kam und sich 20 Minuten lang die Klagen über all die ärgerlichen Hindernisse anhörte, die seinen Aufruf nach enger Zusammenarbeit zwischen dem Personal vor Ort und dem Management zunichte machten. Nach ein paar zielgerichteten Fragen rief er die Leiter der übergeordneten Abteilungen am nächsten Tag zu einem Treffen zusammen. Nach Monaten frustrierender Erfahrungen – und einem Dialog auf drei Ebenen – war innerhalb von 24 Stunden der Weg zu einer Lösung frei.

Zusammenfassung

Erklären Sie zum ganzen System alle, die auf einem Gebiet über die Entscheidungsbefugnis zu handeln, die Ressourcen, den Sachverstand und die Informationen verfügen, und die Bedürfnisse der davon Betroffenen artikulieren können. Achten Sie darauf, dass ein Querschnitt des Systems zusammenkommt, damit ohne viele weitere Treffen Entscheidungen getroffen und Vorhaben umgesetzt werden können.

Empfehlungen für Ihr nächstes Treffen

- Fragen Sie, wer im Hinblick auf das Ziel des Treffens zum ganzen System gehört. Wer hat Entscheidungsbefugnis? Mittel? Sachverstand? Informationen? Bedarf?
- Achten Sie darauf, dass Teilnehmende und Aufgaben zusammenpassen. Halten Sie fest, was an Ergebnissen erwartet wird und welche Folgen es hat, wenn eine der zum ganzen System notwendigen Funktionen nicht dabei ist.
- Passen Sie die Dauer des Treffens der Aufgabenstellung an. Wie lange werden Sie tatsächlich brauchen? Seien Sie realistisch! Sparen Sie nicht mit der Zeit.
- Sorgen Sie auch für genügend Zeit, damit die Teilnehmenden sich aussprechen können. Wie wollen Sie die unterschiedlichen Sichtweisen der Teilnehmenden für die Arbeit des ganzen Systems nutzbar machen?
- Arbeiten Sie mit dem A/Z Ansatz. Machen Sie sich klar, wann die Teilnehmenden allein, in Teilgruppen oder in der Gesamtgruppe arbeiten sollen. Denken Sie daran, dass es kein *Zusammenfügen* geben kann, bevor die Teilnehmenden nicht alle im Raum versam-

melten Sichtweisen und Ideen kennen. Je früher das der Fall ist, desto eher ist die Bearbeitung des Themas möglich.

- Wenden Sie die 3 × 3 Regel an. Suchen Sie sich eine Herausforderung oder eine Entscheidung aus, die mehr als eine Abteilung oder Funktion einer Organisation betrifft. Wählen Sie drei Funktionen und/oder Ebenen der Organisation aus; am besten beides. Suchen Sie ein Ziel aus, dessen Bearbeitung in der zur Verfügung stehenden Zeit möglich ist.

Zweiter Leitsatz

Alles kontrollieren – nur nicht das Verhalten

Frage:	Was würden Sie gerne kontrollieren?
Antwort:	Das Verhalten, die Bereitschaft Verantwortung zu übernehmen, die Motivation von Menschen und die Ergebnisse.
Frage:	Was können Sie kontrollieren?
Antwort:	Strukturen.
Frage:	Sonst noch was?
Antwort:	Mich selbst.
Frage:	Was haben Sie aufgegeben?
Antwort:	Das Verhalten, die Bereitschaft Verantwortung zu übernehmen, die Motivation von Menschen und die Ergebnisse zu kontrollieren.
Frage:	Warum?
Antwort:	Weil wir bessere Ergebnisse erreichen, wenn wir es gar nicht erst versuchen.

Die Entdeckung der Selbststeuerung

Es war Eric Trist, Mitbegründer des Tavistock Institute of Human Relations in London, der 1949 in eine Kohlengrube in Yorkshire hinabstieg und als „anderer“ Mensch zurück ans Tageslicht kam. Er war auf ein Arbeitssystem gestoßen, das bis dahin als unvorstellbar galt. In enger Zusammenarbeit hatten Bergleute und das Management Teams geschaffen, die verschiedene Fertigkeiten in sich vereinten und selbst ihre Arbeit planten und kontrollierten. Diese Teams waren produktiver, mit weniger Standzeiten, weniger Unfällen und weniger Fehlzeiten, als man jemals für möglich gehalten hatte. Keiner der Beteiligten hatte je Managementbücher gelesen oder an Persönlichkeitstests teilgenommen, auch nicht an Kursen zur Problemlösung oder an Motivationstrainings. Aber Sie hatten ein hochgradig produktives Arbeitssystem entwickelt, allein auf der Grundlage ihres Erfahrungswissens aus der eigenen Arbeit.

Zehntausende, darunter auch wir, haben von dem innovativen Arbeitssystem der Bergleute gelernt, effektiver zu arbeiten. Wir nennen uns „Strukturalisten“, weil wir aus Jahren des „Versuch und Irrtum“ gelernt haben, dass es einfacher ist, Strukturen zu entwickeln, in denen Menschen ihre Verhaltensweisen selber steuern, als sie dazu zu bringen, sich so zu verhalten, wie wir es uns wünschen.

Also konzentrieren wir uns heute auf die Strukturen und gestalten konsequent die Zusammensetzung von Gruppen, die Aufteilung der Arbeit, Zeit, Raumnutzung, den Fokus auf das Ziel und die Arbeit mit Teilgruppen. Es klingt paradox, aber hätten wir uns nicht über Jahre mit dem Verhalten von Gruppenmitgliedern, mit Konfliktmanagement, Fehlerdiagnose, Gruppendynamik und Motivation auseinandergesetzt, könnten wir jetzt nicht voller Überzeugung behaupten, dass komplexe Zeiten einfachere Verfahren verlangen.

Kontrollieren, was kontrollierbar ist

Die Kernaussage dieses Kapitels ist so radikal wie einfach: Sie müssen sich nicht durch kümmerliche Treffen quälen, in denen Sie versuchen herauszufinden, was mit den Teilnehmenden nicht stimmt und wie man sie „hinbiegen“ kann.

Seit Jahren führen wir weltweit mit großen Gruppen Planungskonferenzen durch. Hätten Sie die Gelegenheit, bei einem dieser Treffen dabei zu sein, würden Sie mehrere kleine Gruppen sehen, jede mit einem eigenen Flipchart, wie sie in lichtdurchfluteten und gut gelüfteten Räumen intensiv arbeiten. Diese Gruppen teilen sich die Zeit selbst ein, halten ihre Ergebnisse fest, lassen alle Meinungen ihrer Mitglieder zu Wort kommen und bereiten Berichte für die Gesamtgruppe vor. Die Fähigkeiten und Erfahrungen aller kommen in der Arbeit an ihrer Aufgabe zum Einsatz. Aus den Texten auf den Flipcharts lässt sich nicht erkennen, wer denn die Gruppen eigentlich leitet.

Wir plädieren nicht dafür, dass alle Treffen so ablaufen wie die Arbeit in selbstgesteuerten Teams. Wir wollen vielmehr unterstreichen, dass die meisten Menschen sich gut selbst steuern können, eine Fähigkeit, die viele Gruppenleiter nicht nutzen. Unabhängig von den jeweiligen Umständen und Ihren Zielen werden Sie wahrscheinlich bessere Ergebnisse erreichen, wenn Sie sich auf die Rahmenbedingungen konzentrieren und nicht versuchen, die Menschen dazu zu bringen zu tun, was Sie wollen.

Wir glauben schon lange nicht mehr daran, steuern zu können, was Menschen fühlen, denken, sagen oder tun. Wir setzen nicht bei einzelnen Personen an und auch nicht bei kleinen Gruppen. Unser Fokus ist die Struktur von Treffen, die wir so gestalten, dass die Gruppe Dinge tun kann, zu denen Einzelne allein nicht in der Lage sind. Wir messen den Erfolg eines Treffens an der erweiterten Fähigkeit der Gruppe, Probleme selbst zu lösen und eigenständig Entscheidungen zu treffen. Wenn Menschen nach einem Treffen Dinge in Angriff nehmen, die vorher schwierig oder gar unmöglich schienen, fühlen wir uns in unserem Ansatz bestätigt.

Sie haben die größten Gestaltungsmöglichkeiten für den Erfolg eines Treffens, lange bevor die erste Person den Raum betritt. Nutzen Sie das in vollem Umfang, kontrollieren Sie immer so viel wie möglich schon vor der Veranstaltung. Je detaillierter Sie die Rahmenbedingungen für selbstgesteuertes und produktives Arbeiten gestalten, desto weniger müssen Sie sich um das Verhalten der Teilnehmenden während des Treffens kümmern.

Glücklicherweise ist es viel einfacher, erfolgversprechende Strukturen im Vorfeld anzulegen, als sich mit den Motiven und Eigenarten der Teilnehmenden während der Veranstaltung herumzuschlagen. In den nächsten Abschnitten machen wir Vorschläge, was Sie vor, und was Sie während eines Treffens kontrollieren können.

Üben Sie ***vor*** dem Treffen maximale Kontrolle auf die Arbeitsstrukturen aus

Wenn es „Ihr" Treffen ist, geben Sie erst den Startschuss, wenn die Arbeitsstrukturen und Rahmenbedingungen exakt so sind, wie Sie sie brauchen. Führen Sie es im Auftrag durch, stimmen Sie nur zu, wenn Sie sicher sind, dass Sie mit den vorgegebenen Arbeitsstrukturen und Rahmenbedingungen erfolgreich sein werden. Dabei gilt es einige Dinge zu beachten:

1. Klären Sie Ihre eigene Rolle

Wenn Sie eine Gruppe in Ihrer Rolle als Chef oder ausgestattet mit vergleichbarer Entscheidungsbefugnis leiten, liegt die Verantwortung vollständig bei Ihnen! Dabei können Sie in eine von zwei Fallen gehen: Das eigene Wissen zurückhalten oder anderen Ideen aufdrängen, ohne ihnen zuzuhören. Um diese Extreme zu vermeiden, klären Sie vor dem Treffen für sich, wo Sie stehen und wie offen Sie für andere Ideen sind. Bereiten Sie sich darauf vor, Ihr Wissen einzubringen und auch was Sie glauben… mit anderen Worten, zeigen Sie sich als eine verlässliche Autorität (Neunter Leitsatz: „Ich lerne, eine verlässliche Autorität zu sein").

Es gibt noch andere Wege, sich über die eigene Rolle Klarheit zu verschaffen. Unser Kollege Larry Porter, ein Veteran mit der Erfahrung von tausend Treffen, entwickelte eine Matrix, um verschiedene Führungsrollen zu veranschaulichen. Die jeweilige Rolle ist davon geprägt, inwieweit Sie (a) das Treffen strukturieren und gestalten und (b) mit dem Inhalt zu tun haben. Er nennt das „die Grenzen des Begleiters", in denen aufgezeigt wird, welche Aufgaben Sie bei einem Treffen haben und welche Aufgaben von anderen übernommen werden. Larry Porter hält diese Grenzen aufrecht, indem er eine Gruppe mit „Sie/Ihr" anspricht, wenn er keine inhaltliche Verantwortung und/oder Entscheidungsbefugnis hat, und mit „uns" und „wir", wenn er eine Gruppe leitet, zu der er gehört oder die er anführt.

Hierbei entstehen vier mögliche Rollen:

		Vertreten Sie eigene Inhalte?	
		Nein	Ja
Gestalten Sie das Treffen?	Nein	Prozess-beobachtung **(PB)**	Prozess und Inhalt **(PI)**
	Ja	Prozess und Gestaltung **(PG)**	Prozess, Inhalt und Gestaltung **(PIG)**

Prozessbeobachtung **(PB)** – Sie haben weder gestaltende noch inhaltliche Aufgaben. Ihre Rolle besteht darin, den Gruppenprozess zu beobachten und Ihre Beobachtungen strukturiert an die Gruppe rückzumelden.

Prozess und Gestaltung **(PG)** – Sie begleiten ein Treffen, ohne für seine Inhalte verantwortlich zu sein. Die Teilnehmenden sorgen für Informationen, Analysen, Ergebnisse, Entscheidungen und Handlungspläne. Begleiter von ZukunftSuchen und interne Berater nehmen häufig diese Rolle ein. Ihre Verantwortung betrifft die Struktur des Treffens, nicht seinen Inhalt. Doch wenn Sie ein bestimmtes Verfahren benutzen, befürworten Sie damit bestimmte Strukturen, die den Rahmen vorgeben, in dem Ziele entwickelt, die Zeit eingeteilt, Räume genutzt und Teilgruppen gebildet werden. Trotzdem bestimmen ausschließlich die Teilnehmenden den Inhalt.

Prozess und Inhalt **(PI)** – Diese Rolle nehmen in der Regel externe Experten ein, die zum Beispiel einer Gruppe helfen ein Gebäude zu planen, Geld zu beschaffen, ein Umweltproblem zu beheben oder eine Kampagne im Gesundheitswesen ins Leben zu rufen. In diesem Fall haben Sie Erfahrung mit Lösungsansätzen, interagieren mit der Gruppe und geben den besten Rat, den Sie haben. Jemand von der Auftraggeberseite leitet das Treffen, aber Sie haben wesentlichen Einfluss auf Ziele, den zeitlichen Ablauf und das Gesamtprogramm.

Prozess, Inhalt und Gestaltung **(PIG)** – In dieser Rolle sind Sie in der Regel (aber nicht unbedingt) Teilnehmer der Gruppe und haben eventuell auch Entscheidungsbefugnis. Sie übernehmen einen großen Teil an Verantwortung für den Prozess, den Inhalt, und damit für die Ergebnisse.

Sobald Sie Ihre eigene Rolle geklärt haben, machen Sie sie den anderen deutlich. Das ist Larrys Rat und auch der unsere. Die Teilnehmenden sollen darauf vorbereitet sein, dass Sie nicht nur nach Ideen fragen, sondern aus der Chefposition heraus auch welche beisteuern.

Im Verlauf eines Treffens die Rolle zu wechseln, ist eine heikle Sache. Das Beste, was Sie tun können, ist (a) sich der eigenen Rolle bewusst zu bleiben, (b) die eigenen Absichten zu verdeutlichen und (c) alle wissen lassen, welchen Hut Sie gerade aufhaben.

2. Machen Sie sich klar, wozu das Treffen einberufen wurde

Mit jedem Treffen soll etwas erreicht werden. Leuchtet Ihnen das Ziel ein? Was könnte dabei herauskommen? Ist das in der zur Verfügung stehenden Zeit erreichbar? Ob Sie der Chef sind, Experte oder Begleiter, Sie werden mehr erreichen, wenn Sie wissen, wohin die Reise gehen soll. Ob Sie für 10 oder 1000 Menschen planen, die erste Frage sollte sein: „Worum geht's hier? Was wird gebraucht? Informationen, Entscheidungen, Lösungen, Handlungspläne – Irgendetwas davon oder alles?" Wir haben es uns zur Regel gemacht, am Anfang eines jeden Treffens unser Verständnis von seinem Zweck und Ziel mit dem der Teilnehmenden zu vergleichen.

– Beispiel –

Sind die Ziele klar?

Bei der Eröffnungsrede des Chefs in einem strategischen Planungstreffen bemerkten wir bei einigen Teilnehmenden den leeren Gesichtsausdruck, als sie gefragt wurden, ob allen das Ziel klar sei. Anstatt die Rede zu wiederholen, luden wir alle ein, sich für fünf Minuten in kleinen Gruppen darüber auszutauschen, was sie gerade gehört hatten. Anschließend konnten die Gruppen Verständnisfragen stellen. Diese wurden so lange von den Zuständigen beantwortet, bis alle zufrieden waren.

3. Sorgen Sie für die „richtigen" Teilnehmenden

Ohne die Anwesenheit der zuständigen Personen wird es Ihnen nicht gelingen, ein Treffen so zu gestalten, dass Aufgaben bewältigt werden können... egal wie erfahren Sie sind. Das ist der Kern des ersten Leitsatzes: das Ganze System zusammenbringen. Wenn Handlung gefragt ist, eine Entscheidung gebraucht wird, ein Problem gelöst oder Verpflichtungen eingegangen werden sollen, verschwenden Sie die Zeit aller, wenn die Akteure, Entscheidungsträger und Problemlöser fehlen... wenn also das Ganze System nicht zusammengebracht wurde.

Im Vorfeld eines jeden Treffens überprüfen wir, ob die Eingeladenen die „richtigen“ im Hinblick auf das angestrebte Ziel sind. Wenn wir beeinflussen können, wer eingeladen werden soll, wollen wir eine Mischung mit folgenden Eigenschaften.

- Entscheidungsbefugnis zu handeln (z.B. in einer Organisation oder einem Gemeinwesen)
- Ressourcen (Kontakte, Beziehungen, Zeit, Geld...)
- Sachverstand über die zu behandelnden Anliegen
- Informationen zum Ganzen (Thema/Organisation/Gemeinwesen...), die niemand sonst hat
- Bedarf beteiligt zu sein (können Folgen von Entscheidungen und Maßnahmen für sich einschätzen: als Kunden, Verbraucher, Bewohner, Patienten, Geschäftsinhaber, Schüler, Einwanderer...)

Wenn wir keinen direkten Einfluss auf die Einladungsliste haben, versuchen wir die Verantwortlichen zu bewegen, die „richtigen“ einzuladen. Und es gehört zu unseren Aufgaben, einzuschätzen, ob das Ziel in der vorgegebenen Zeit von den erwarteten Teilnehmenden erreicht werden kann.

– Beispiel –

Eine Lektion, die wir nie vergessen werden

Vor vielen Jahren, abenteuerlustig und selbstbewusst, wurden wir gebeten, zwei Banken bei der Fusion ihrer Zentralen zu begleiten. Unsere Auftraggeber waren die zwei zuständigen Vizepräsidenten. Zusammen entwarfen wir die Strategie, mit einem Treffen leitender Teams zu beginnen, die das gemeinsame Vorgehen entwickeln sollten. Dann würden Veranstaltungen mit etwa 1200 Teilnehmenden folgen, um die Umsetzung zu planen. Der größte Zankapfel beim ersten Treffen war der Standort der neuen Zentrale, in der 80% der

Angestellten arbeiten würden. Jede Bank wollte das Zentrum in ihrer Heimatstadt haben, die mehrere hundert Kilometer auseinanderlagen.

Die Gruppe war festgefahren und bewegte sich erst wieder, als die Vizepräsidenten jeder Bank einen Vorschlag für die jeweils *andere* Stadt entwickeln sollten. Sie arbeiteten eine Stunde getrennt und einigten sich dann nach Vorstellung ihrer Ergebnisse innerhalb von Minuten, dass Stadt A die bessere Wahl sei. „Das bedeutet, ich muss kündigen, weil meine Familie derzeit nicht umziehen kann", sagte der eine Vizepräsident. „Aber ich weiß, dass es die richtige Entscheidung ist!"

Nach drei anstrengenden Tagen verließen unsere Auftraggeber und wir das Treffen und waren mehr als zufrieden mit uns. Einige Tage später rief uns einer der Vizepräsidenten an.

„Wir haben dem Chef von unserer Entscheidung für Stadt A erzählt."

„Sehr schön. Wie hat er reagiert?"

„Na ja", kam die Antwort, „er lebt in Stadt B und will nahe am Geschehen sein. Er sagte, er würde nicht umziehen."

„Was werden Sie tun?"

„Meine Bewerbungsmappe auf den neuesten Stand bringen", antwortete er.

4. Arbeiten Sie mit Teilgruppen

Sobald wir Zweck und Zeitrahmen eines Treffens kennen, befassen wir uns mit der Größe der Gruppe. Die meisten Treffen mit kleinen Gruppen benötigen nur eine Struktur; alle bleiben in der Gesamtgruppe, in der Aufgliederung stattfindet, wenn einzelne Teilnehmende sich äußern oder mit Handzeichen abgestimmt wird. Es gibt allerdings Anlässe, zu denen wir eigens Teilgruppen bilden: Duos, Trios, Vierergruppen, Achter... Gruppen können nach unterschiedlichen Gesichtspunkten in Teilgruppen aufgegliedert werden: Tätigkeiten im Betrieb, Standorte eines Konzerns, Erfahrungen mit bestimmten Prozessen oder Kulturen...

Sie können aufgliedern, um

- jeweils eigene Standpunkte zu entwickeln (zum Beispiel der Eltern, Lehrer, Schüler und der Verwaltung in einem Planungstreffen für die Schule)
- Interessengruppen eine Möglichkeit zu geben, ihre Positionen zu klären
- Handlungsgruppen für verschiedene Aufgaben zu bilden (zum Beispiel, wenn komplexe Pläne in handhabbare Projekte aufgeteilt werden)

Wir reden hier nicht davon, die Teilnehmenden einfach zu bitten, sich in kleine Gruppen aufzuteilen. Wenn Sie Zufallsgruppen bilden, ohne Gemeinsamkeiten innerhalb der Gruppe nach Ähnlichkeiten, Unterschieden oder Vorlieben, gliedern Sie nicht auf. Sie teilen einfach in kleine Gruppen ein. Wir gliedern eine Gruppe in definierte Teilgruppen auf, die sich danach zu einer „neuen" Gruppe zusammenfügen, deren Fähigkeiten zur Zusammenarbeit, als Einheit zusammenzubleiben und ihren Fokus auf der Aufgabe zu behalten, größer sind als in der „alten" Gruppe. Für die Zusammenfügung – also die Bildung der „neuen" Gruppe – ist es nötig, die Grenzen zwischen den Unterschieden zu überwinden (nicht die Unterschiede selbst zu nivellieren), damit auf dem jetzt allen deutlicher gewordenen Fundament der Erfahrungen, Eigenschaften und Bedürfnisse der Teilnehmenden aufgebaut werden kann.

– Beispiel –

Zufallsgruppen gliedern die Gesamtgruppe nicht auf

Vor langer Zeit leiteten wir ein Treffen, um ein Bündnis zur technischen Unterstützung von Betrieben der verarbeitenden Industrie in einem der südlichen Bundesstaaten der USA zu schaffen. Ungefähr 45 Interessenvertreter mit unterschiedlichem Blickwinkel beteiligten sich. Wir organisierten kleine Gruppen ohne Bezug zu den

Funktionen der Teilnehmenden. Sie arbeiteten intensiv und berichteten begeistert aus ihren Gruppen. Aber die vorher deutlich benannten unterschiedlichen Interessen der Teilnehmenden fanden sich in den Berichten der Gruppen nicht wieder. Sie kooperierten, konnten aber ihre unterschiedlichen Interessen nicht wirklich zusammenfügen, da die Teilgruppen nicht auf der Grundlage gemeinsamer Eigenschaften gebildet worden waren. Die Veranstaltung endete mit unzureichenden Handlungsabsprachen. Diese Erfahrung lehrte uns, dass es nicht ausreicht, wenn Menschen mit unterschiedlichen Interessen einfach nur zusammenarbeiten.

5. Planen Sie Rückmeldungen aus jeder Teilgruppe an die Gesamtgruppe ein

Wenn es in Teilgruppen einen Austausch gibt, und Sie nicht auf diesem Austausch aufbauen, begleiten Sie nur gleichzeitig nebeneinander herlaufende Veranstaltungen. Die Gesamtgruppe kommt mit ihren Zielen nicht voran, wenn nicht alle hören, was die Teilgruppen zu sagen haben. Wir planen dabei immer ein, (a) dass sich die Gruppen gegenseitig berichten können und (b), dass sie über das, was sie von anderen Gruppen hören, reden, Fragen stellen oder darauf reagieren können. Je größer die Gesamtgruppe, desto mehr Zeit benötigen Sie für diese Schritte.

6. Planen Sie genügend Zeit ein

Für manche Ziele braucht es Stunden, für andere Tage. Zeit ist Ihre knappste Ressource. Wenn es vorbei ist, ist es vorbei. Aber Sie können den Zeitbedarf ermitteln, wenn Sie die Zeit den Zielen anpassen. Fragen Sie: „Was muss passieren, damit diese Gruppe das Ziel erreichen kann? Wieviel Zeit muss ich für jeden Schritt einplanen?“ Ob die Veranstaltung drei Stunden oder drei Tage dauert, die Ergebnisse werden durch die Faktoren Zweck, Gruppengröße und die zur Verfügung stehende Zeit bestimmt.

Wenn ein durchführbarer Plan erarbeitet werden soll, brauchen die Beteiligten Zeit, um

- sich Gedanken zu machen
- ihre Interessen aufzugliedern
- sich ihre Gedanken und Interessen gegenseitig mitzuteilen
- ihre Ideen zusammenzufügen
- Verantwortung für Handlungen zu übernehmen

Dafür braucht es eher Tage als Stunden. Es ist auch möglich, dass der Prozess über mehrere kleinere Veranstaltungen läuft, verteilt über Wochen oder Monate.

Je komplexer die Aufgabe ist, desto größer wird die Gruppe. Je kontroverser das Anliegen ist, desto mehr Zeit brauchen die Teilnehmenden, um ihre Interessen aufzugliedern. Solange sie das nicht getan haben, wird es kaum zu Entscheidungen kommen, die von allen mitgetragen und der Situation gerecht werden. Wenn es lediglich einen Austausch über Inhalte geben soll, und niemand für irgendetwas Verpflichtungen übernehmen muss, können Sie alle Impulse den Experten und dem Boss überlassen. Wenn aber auf der Grundlage der inhaltlichen Arbeit tragfähige Verpflichtungen übernommen werden sollen, dürfen Sie mit der Zeit nicht knausern... die Teilnehmenden brauchen sie für die Auseinandersetzung untereinander und mit den Anliegen.

7. Achten Sie auf gesunde Arbeitsbedingungen

Räume sind seit Jahren ein Steckenpferd von uns. Die Teilnehmenden sollen in ihnen gut hören und sehen, miteinander ins Gespräch kommen, sich ungehindert bewegen können und sich wohlfühlen.

Wählen Sie Räume mit Fenstern und Türen nach draußen, zu Innenhöfen, Terrassen oder Balkonen, damit die Pausen auch an der frischen Luft sein können. Bauen Sie das Buffet in anderen Räumen auf und stellen Sie für die Pausen weitere Orte zur Verfügung, damit es die Möglichkeit gibt, sich zu bewegen und mal etwas Neues zu sehen – oder in einer ruhigen Ecke ein Nickerchen zu machen.

Achten Sie auch auf das Umfeld und die Verbindungen zu den Zielen eines Treffens. Larry Dressler hat zum Beispiel strategische Planungstreffen an der Küste durchgeführt und „Ozean“ und „Horizont“ als Metaphern für unterschiedliche Aspekte strategischen Denkens benutzt. Unser Kollege Gunnar Hjelholt, der eine dänische Öltankerbesatzung begleitete, hielt eine einwöchige Veranstaltung in einer Gaststätte in unmittelbarer Nähe zur Werft ab, was den Teilnehmenden erlaubte, ihr im Bau befindliches Schiff zu besuchen.

Wenn es sich einrichten lässt, führen wir Vorbereitungstreffen für ZukunftSuchen in dem Raum durch, den wir auch bei der eigentlichen Veranstaltung benutzen, um genau zu wissen, wie es sich dort arbeiten lässt, und die Planungsgruppe sich vorstellen kann, wie das Treffen ablaufen wird.

– Beispiel –

Die unglaubliche Leichtigkeit des Seins

Wir kamen an einen Veranstaltungsort und fanden zugezogene Vorhänge vor, um „Ablenkungen“ zu vermeiden. Als wir sie öffneten, erblickten wir den Pazifischen Ozean; große Wellen brachen sich an den Felsen, Wale bliesen am Horizont, Palmen wiegten sich im Wind. Was für eine Aussicht! Wir versicherten dem besorgten Vorhangschließer, dass wir trotz der geöffneten Vorhänge sehr gut arbeiten könnten. Die unglaubliche Leichtigkeit des Seins erfüllte den Raum noch, lange nachdem die Teilnehmenden sich von diesem Ausblick trennen konnten und mit der Arbeit begannen.

Akustik hat ihre Tücken. Räume mit hohen Decken füllen sich mit Echos und machen es den Menschen schwer, sich zu verstehen. Wir sind glücklich, wenn wir Räume mit Teppichboden finden, mit Decken, die den Schall absorbieren, anstatt jedes Wort in Krach zu verwandeln. Für Treffen mit Großgruppen wünschen wir uns kabellose Handmikrofone, die wie „Talking Sticks" herumgereicht werden können. Wer einen Talking Stick in die Hand nimmt, ist eingeladen, zu sagen, was ihn gerade beschäftigt. Diese Mikros eröffnen den Teilnehmenden wunderbare Möglichkeiten zur Selbststeuerung.

Pausenbuffets sind am besten pausenlos vorhanden: frisches Obst und Nüsse, Gemüsesticks mit einfachen Quarkdips, Mineralwasser und Obstsäfte. Das unterstützt produktives Arbeiten. Wenn das Pausenbuffet hauptsächlich Süßigkeiten bietet, kann das die fordernde geistige Arbeit erheblich beeinträchtigen.

Barrierefreiheit ist per Gesetz in vielen Ländern vorgeschrieben, damit Rollstuhlfahrer und Menschen mit Behinderungen Konferenzräume und Toiletten leicht erreichen können. Gesetz oder nicht, wir halten es für unabdingbar, dass für alle Teilnehmenden unserer Veranstaltungen alle Räume gleichermaßen zugänglich sind.

Nachhaltigkeit ist für uns ein Thema. Wir wollen unseren „Fußabdruck" auf der Erde verkleinern. Unser Kollege Ralph Copleman empfiehlt zum Beispiel wiederverwendbare Namensschilder, Recyclingpapier für Flipcharts und Notizblöcke, Keramiktassen, Mülltrennung in den Arbeitsräumen. Wenn Sie einen Veranstaltungsraum ausstatten, achten Sie auf Möbel, die lange halten und deren Komponenten wiederverwendbar sind.

Üben Sie ***während*** des Treffens minimale Kontrolle aus

Wenn wir ein Treffen leiten, sorgen wir dafür, dass die Teilnehmenden von Anfang an wissen, was wir von ihnen erwarten und was sie von uns erwarten können. Wir sagen immer, wie für uns das Ziel aussieht, und fragen nach, ob sie dem zustimmen. Bei großen Gruppen, die länger als einen Tag zusammen sind, schlagen wir häufig eine Vereinbarung zur Arbeitsteilung zwischen uns und den Teilnehmenden vor. Wenn wir für andere Veranstaltungen durchführen, sieht sie so aus:

Vereinbarung zur Arbeitsteilung	
Begleitung	***Teilnehmende***
• Zeiteinteilung und Aufgabenstellung • Raum schaffen für alle Ansichten • Auf das Ziel achten	• Information und Inhalt • Beteiligung selbst steuern • Gemeinsame Grundeinstellung feststellen/ Vorhaben verabreden

Wenn wir Entscheidungsbefugnis haben und/oder in der Rolle von Experten sind, sieht die Vereinbarung anders aus.

Während des Treffens kümmern wir uns um folgende Dinge:

1. Kampf- oder Fluchtverhalten

Trotz bester Vorsätze verlieren die Teilnehmenden gelegentlich die Aufgabe aus den Augen. Sie wechseln das Thema, geraten in Streit, verstummen, oder „stimmen mit ihren Füßen ab" und verlassen den Raum. Wenn Sie dem ersten Leitsatz (Das ganze System zusammenbringen), dem dritten (Den „Ganzen Elefanten" untersuchen) und dem vierten (Verantwortung wahrnehmen – gemeinschaftlich) treu bleiben, werden Sie mit solchen Fällen weniger Sorgen haben... sie kommen einfach seltener vor. In großen Gruppen betonen wir zu Beginn, dass wir die Teilnehmenden immer wieder an die Zielsetzung und den zeitlichen Rahmen erinnern werden. Doch wir wissen auch, dass Großgruppenveranstaltungen leicht zu Blitzableitern für jedwede Beschwernis werden, die sich bei Teilnehmenden angesammelt haben. Wir finden das normal und müssen selten eingreifen, um die Gruppe an ihr Ziel zu erinnern.

Wenn eine Gruppe tatsächlich abschweift, hier ein Vorschlag von Jean Katz, einer Strategieplanerin. Anstatt sich mit der Gruppe treiben zu lassen oder zu versuchen, die Aufmerksamkeit auf das Ziel zurückzulenken, bittet Jean die Teilnehmenden: „Nehmen Sie sich einen Augenblick Zeit um aufzuschreiben, was genau Sie in diesem Augenblick wollen." Anschließend lesen die Teilnehmenden vor, was sie geschrieben haben.

„Und was geschieht? – Wir sprechen über den gemeinsamen roten Faden und finden unseren Weg zurück zu dem ursprünglichen Ziel."

2. Angriffe, die jemanden ausgrenzen könnten

Bei jedem Treffen achten wir darauf, ob jemand ausgeschlossen wird, oder die Gruppe sich wegen eines Anliegens polarisiert und Andersdenkende attackieren könnte. Wenn das geschieht, lenken wir die Aufmerksamkeit der Teilnehmenden aktiv auf diesen Vorgang. Wir unterbrechen störende Aktionen dieser Art, indem wir informelle Teilgruppen sichtbar machen. Wie das geht, beschreiben wir ausführlich im sechsten Leitsatz (Teilgruppen erkennen und mit ihnen arbeiten).

3. Angepasste Sitzordnung

Wir versuchen, eine zum Anlass passende Sitzordnung zu entwickeln. Stuhlreihen richten die Diskussion zur Leitung aus. Ein Stuhlkreis erlaubt mehr Interaktion zwischen den Teilnehmenden. Vor Jahren entfernten wir Tische aus einem zu kleinen Raum, um Platz für die 60 Teilnehmenden zu schaffen. Das erwies sich als Segen. Wir entdeckten, dass Teilnehmende sich ohne Tische leichter zwischen kleinen Gruppen hin und her bewegen können, im Kreis sitzende Gruppen von sechs bis acht Personen besser interagieren, wenn keine Tische zwischen ihnen sind, und mit Rollen ausgestattete Stühle es leichter machen, sich immer wieder neu zu gruppieren.

4. Umgang mit der Zeit

Wir sagen den Teilnehmenden, dass Zeit unsere knappste Ressource ist und wir ihre Unterstützung brauchen, um effektiv mit ihr umzugehen. Dafür haben wir eine Technik. Bei der Vorstellungsrunde bitten wir, dass alle sich innerhalb einer vorgegebenen Zeit vorstellen. Wir geben einen Zeitrahmen vor, der auf die Gruppengröße und Veranstaltungslänge abgestimmt ist, aber sagen nichts dazu, wieviel Zeit jeder Einzelne für seine Vorstellung hat.

Bei Veranstaltungen, die einen Tag oder länger dauern, erweitern wir die Vorstellungsrunde und fragen die Teilnehmenden, was sie unter dem Ziel verstehen, warum sie gekommen sind oder/und welche Erfahrungen und Kenntnisse sie mitbringen. Sie werden überrascht sein, wie viele Informationen 40 oder 50 Personen in 25 bis 30 Minuten einbringen können. Um Selbststeuerung zu unterstützen, bitten wir einen Freiwilligen, der Gruppe alle 10 Minuten das Verstreichen der Zeit anzuzeigen. Manche brauchen mehr, manche weniger Zeit für ihre Vorstellung. Es kommt selten vor, dass eine Gruppe überzieht. So lernen die Teilnehmenden gleich zu Anfang, wie sie zusammenwirken können, nicht nur im Umgang mit ihrem knappsten Gut.

Es ist einfacher eine Veranstaltung früher zu beenden, als zu überziehen. Verhandeln wir über eine Verlängerung von einer halben Stunde über die verabredete Zeit hinaus, verlieren wir einige Teilnehmende und verärgern andere. Wenn wir gut in der Zeit liegen und einen vorzeitigen Schluss vorschlagen, gibt es Applaus.

Wir sind uns bewusst, dass manche die Angewohnheit haben, später zu kommen und früher zu gehen. Wir können nicht einige Teilnehmende das Schicksal einer Gruppe bestimmen lassen und fangen mit denen an, die zur verabredeten Zeit kommen. Wenn bereits im Vorfeld viele ihr späteres Eintreffen und/oder früheres Abreisen ankündigen, fragen wir die Gruppe, wie sie verfahren will.

Wir sind uns auch der kulturellen Unterschiede im Umgang mit Zeit bewusst. „Sie müssen verstehen, dass wir nach ‚unserer' Zeit arbeiten. Alle kommen zu spät – so ist das hier." In solchen Situationen passen wir unsere Erwartungen an. Wir wären verrückt zu behaupten, wir könnten von 9 bis 12 drei Stunden lang intensiv arbeiten, wenn die Hälfte der Gruppe nicht vor 10 Uhr auftaucht. Immer wenn jemand dazu kommt, wird die

Gruppe langsamer. Und die Nachzügler haben Schwierigkeiten, den Anschluss zu finden.

Trotzdem fangen wir immer zur verabredeten Zeit an – mit denen, die da sind. Die praktischste Möglichkeit im Umgang mit Spätkommern verdanken wir Ronald Lippitt, dem genialen Neuerer auf dem Gebiet des Veranstaltungsdesigns. Ron entwickelte für die, die früh da sind, den „zerfransten Anfang". Dabei tauschen sich die Anwesenden darüber aus, was sie gerade lernen, über das letzte Treffen, stellen Fragen, oder machen andere Dinge, die das Ziel der Veranstaltung unterstützen. Sobald Neue dazukommen, mischen sie sich mit den schon bestehenden Gruppen oder bilden neue. Wenn alle oder fast alle Teilnehmenden da sind, geht es in der Gesamtgruppe weiter.

In manchen Fällen will eine kleine Gruppe eine Verlängerung der vorgegebenen Zeit. Wir erinnern uns an eine Gruppe Finanzverwalter, die weitere 10 Minuten brauchten, als alle anderen fast fertig waren. Wir antworteten: „Wenn Eure Gruppe jetzt 10 Minuten in Anspruch nimmt, müssen wir entscheiden, wo wir diese Zeit später einsparen können!" Da sie gut rechnen konnten, erwiderten sie: „Verstanden", und waren gemeinsam mit den anderen fertig.

Pausen sind in weiten Teilen der Welt üblicherweise am Vormittag und Nachmittag. Es gibt selten Gruppen, bei denen alle zur vereinbarten Zeit zurückkehren. Wenn wir es uns zur Gewohnheit machen, am Ende einer Pause wirklich weiterzuarbeiten, kommen weniger später. Weitet sich das Spätkommen zu einem Problem aus, benutzen wir entweder eine Minute vor dem Pausenende eine Glocke, oder bitten einen der Teilnehmenden, die anderen hereinzuholen. Wir ermuntern auch dazu, dass jeder eigene Pausen macht, wann ihm danach ist.

Zusammenfassung

Die richtige Zeit für die umfassende Kontrolle der Arbeitsstrukturen und Rahmenbedingungen ist *vor* dem Treffen. Während des Treffens achten Sie nur auf die wenigen Dinge, die es braucht, damit die Teilnehmenden an ihren Aufgaben weiterarbeiten.

Empfehlungen für Ihr nächstes Treffen

- Klären Sie Ihre eigene Rolle. Wofür sind Sie zuständig?
- Beschreiben Sie den Zweck des Treffens und die dafür verfügbare Zeit. Schreiben Sie das Ziel auf. Können Sie es in der vorgegebenen Zeit erreichen?
- Sorgen Sie dafür, dass die „richtigen" Teilnehmenden da sind (siehe Seite 63). Glauben Sie, die Aufgabe mit den Eingeladenen bewältigen zu können?
- Stellen Sie die Stühle passend zum Zweck des Treffens. Das nächste Mal, wenn Sie Stuhlreihen vorfinden, bitten Sie die Teilnehmenden, die Stühle in einen Kreis zu stellen oder Tische wegzuräumen. Achten Sie auf die Auswirkungen für das Treffen.

Dritter Leitsatz

Den „Ganzen Elefanten“ untersuchen

Wenn Sie sich fragen, was Elefanten mit Treffen zu tun haben, schauen Sie in das Gedicht von John Godfrey Saxe (1816-1887), der eine buddhistische Geschichte aus dem 6. Jahrhundert vor Christus in Versform gebracht hat.

Die sechs Blinden und der Elefant

Sechs Männer fern in Industan, voll Neugier wie es schien,
Erstrebten, obschon blind sie war'n, den Elefant zu sehn,
Dass jeder durch den Augenschein könnt' dieses Tier verstehn.
Der Erste, von Natur aus forsch, sich naht dem Elefant,
Befühlt die Seite des Geschöpfs und hat sogleich erkannt:
„Mein Gott, es ist ein Ungetüm; es ist wie eine Wand!“
Der Zweite nun den Stoßzahn fühlt und fragt: „Wo kommt das her?
So rund und glatt und spitz am End? Die Lösung ist nicht schwer;
Dies Ding von einem Elefant ist gleich als wie ein Speer!“
Darauf der Dritte sich nun naht, ergreift – ihm ward nicht bange –
Den Rüssel vorn am Kopf mit Kraft, und zögert auch nicht lange,
Den andern Blinden kundzutun: „Das Biest ist eine Schlange!“
Darob der Vierte nun erfühlt – beinahe wie im Traum –
Das linke Bein der Kreatur; umfasst es aber kaum.
Und spricht: „Es ist mir sonnenklar: Das Ding ist wie ein Baum.“
Der Fünfte nun berührt das Ohr am Elefantenschädel
Und sagt: „Sogar ein blinder Mann und auch ein blindes Mädel
Weiß doch auf Anhieb, dass dies ist ein großer breiter Wedel.“
Der Sechste tastet sich nun vor, grad bis zum Hinterteil,
Und sucht, dort wo der Schwanz sich regt, nun ebenfalls sein Heil.
Ruft dann, sobald er ihn erfasst: „Das Tier ist wie ein Seil!“
Sechs Blinde fern in Industan, nun stritten lang und laut,
Ob dem, was jeder nur für sich als Elefant geschaut –

Doch hatten, wiewohl teils im Recht, sie alle nur auf Sand gebaut.
So oft im Theologen-Streit geschieht's im Handumdrehn,
Dass Disputanten – scheinbar taub – sich einfach nicht versteh'n.
Und zanken um 'nen Elefant, den niemand je geseh'n.

Von Kurt Bangert ins Deutsche übertragen

Systemisches Denken ist uralt

Mit dem „Ganzen System“ im Raum kommen wir zu der Verbindung zwischen Elefanten und Treffen, auf die Ludwig von Bertalanffy (1952) in seinem Buch *General Systems Theory* hingewiesen hat: Alles ist mit allem verbunden.

Ein Elefant besteht aus all seinen Teilen. Nichts kann isoliert von anderen wachsen und gedeihen, weder Individuen noch Gruppen, Organisationen oder Nationen. Dieser Gedanke war noch ziemlich neu, als die Sozialwissenschaftler Eric Trist und Fred Emery 1960 gebeten wurden, ein Seminar mit Führungskräften durchzuführen, um die Fusion zweier Britischer Flugzeugmotorenhersteller zu beschleunigen (Weisbord et al., 1992).

Bei diesem historischen Treffen entdeckten Emery und Trist, wie Teilnehmende über ihre Konflikte hinauswachsen können, wenn sie ihre Anliegen in einem größeren Zusammenhang betrachten. Von dem Sozialpsychologen Solomon Asch (1952) kannte Emery die Voraussetzungen, unter denen wir unsere Unabhängigkeit in Gruppen bewahren (Sechster Leitsatz). Aus Aschs Untersuchungsergebnissen leitete er die Kriterien für produktive Zusammenarbeit ab. Wir müssen erfahren, dass wir (a) alle auf demselben Planeten leben und denselben Naturgesetzen unterworfen sind, und (b) dieselben psychischen und physischen Bedürfnisse teilen.

Wenn wir das erleben, folgerte Emery, werden „Meine Fakten und deine Fakten zu *unseren* Fakten“. Mit dieser Erfahrung können wir uns über eine Welt austauschen, die alle Ansichten einschließt und neue Verbindungen ermöglicht. Emery befürwortete einen Dialog, um alle Puzzleteile für den „Elefanten" zusammenzufügen. Daraus würde sich ein Bild der Flugzeugmotorenindustrie ergeben, wie keiner der Führungskräfte es bis jetzt so vollständig und facettenreich hatte. Emery und Trist machten sich daran, das Treffen entsprechend zu gestalten.

Die Führungskräfte sollten erfahren, dass alle auf demselben Planeten lebten und die gleichen Bedürfnisse hatten. Dafür planten die Begleiter einen Tag zur Erforschung globaler Trends, die jeden betreffen, gefolgt von einem Tag über die Flugzeugmotorenindustrie. Danach würden sich die Teilnehmer die von ihnen geteilten Bedürfnisse nach einem gesicherten Einkommen und Sinnerfüllung in der Arbeit anschauen. Und erst dann ging es an die strategische Planung.

Um den Horizont der Führungskräfte zu erweitern, luden sie jeden Abend Experten anderer Disziplinen zum Essen ein, die einen Vortrag hielten und an einem Austausch teilnahmen. Darunter waren ein Ökonom, ein Philosoph, ein Politikwissenschaftler, ein Armeegeneral und ein Theologe. Jeder brachte ein Stück seiner Welt und seine persönliche Sicht auf Führung ein.

Emery moderierte; Trist war der „Prozess-Beobachter". Als Kollegen von Wilfrid Bion, einem der Pioniere für das Verhalten von Gruppen am Tavistock Institute, gingen sie von der Annahme aus, dass Gruppen angesichts komplexer Themen vorhersehbar reagieren (Bion, 1961). Sie gehen der Aufgabe aus dem Weg (Flucht), verwickeln sich in unproduktive Konflikte (Kampf), oder überlassen die Entscheidung dem Leitenden (Unterwerfung).

Trist sollte den Prozess unterbrechen, wenn die Teilnehmenden sich vor der Aufgabe drückten. Zu seiner großen Überraschung hatte er wenig zu tun. Die Führungskräfte tauschten sich intensiv über die Lage der Welt und jeden Aspekt des Motorengeschäftes aus. Trist und Emery hatten etwas Bemerkenswertes entdeckt. Wenn sie sich erst ein Bild des Ganzen machten, bevor sie sich der Arbeit an Teilaspekten zuwandten, schien das Führungskräften zu helfen, ihre Ängste im Umgang mit unterschiedlichen Sichtweisen einzudämmen. Sich zunächst auf eine Aufgabe zu konzentrieren, die ihnen den Gesamtzusammenhang weit über das Flugzeugmotorengeschäft hinaus erschloss, führte dazu, dass sie stärker als erwartet kooperierten und die Neigung der Gruppe zu Flucht, Kampf oder Unterwerfung geringer wurde.

Jahre später beschrieb Fred Emery in einem Brief an Marv, wie das Treffen zu einem kleinen viermotorigen Jet führte, der BA-146, der auf kurzen Pisten in großen Höhen landen und auch wieder starten konnte. Die Firma entwickelte ihre innovativen Flugzeugantriebe, indem sie sich ein ganzheitliches Bild der Luftfahrt in einer Welt der sich ständig beschleunigenden Veränderung schuf.

Die Systemische Revolution

In den folgenden Jahren wurde Systemisches Denken bei der Bearbeitung vieler Herausforderungen in Organisationen angewandt. Komplexe intellektuelle Verfahren wurden entwickelt, zum Beispiel für die detaillierte Abbildung von „umweltbedingten Anforderungen und Einschränkungen“ im Managementtraining oder bei der strategischen Planung auf höchster Führungsebene. Die Verfahren verlangten anspruchsvolles Denken und die Beherrschung abstrakter Begriffe wie *Äquifinalität, negative Entropie* oder *semipermeable Grenzen*. Das war berauschend für einige, gehörte aber nicht zur Umgangssprache in Fabrikhallen oder bei Bürgerversammlungen.

Systemisches Denken ist bei Treffen allerdings sehr nützlich, ohne dass Sie dafür dieses Vokabular brauchen. Wenn Sie den ersten Leitsatz (Das ganze System zusammenbringen) mit dem dritten (Den „Ganzen Elefanten“ untersuchen) verknüpfen, werden alle Teilnehmenden zu systemisch Handelnden. Stellen Sie sich Ihre Organisation, Gruppe, Nachbarschaft oder Ihr Netzwerk als System vor, das in einer Umwelt existiert. Aus dieser Umwelt beschafft sich das System, was es für sein Überleben braucht: Geld, Kunden, Auftraggeber, Ideen, Technologie, Information... Sie müssen aus Ihrem System heraustreten und in seiner Umwelt die Ressourcen suchen, die es am Leben erhalten.

Sie können ein System nur ändern, indem Sie seine Beziehung zu seiner Umwelt ändern (Ackoff, 1974).

Das gilt auch für Treffen. Wenn Sie die Umwelt in Form von Menschen und nicht nur als Kringel auf Flipcharts in Ihre Treffen holen, öffnen Sie die Tür für Anliegen, Vorhaben und Handlungen, die im ganzen System einschließlich seiner Umwelt widerhallen.

Mit diesem Ansatz erleben alle Teilnehmenden Systemisches Denken, es bleibt nicht nur ein gedankliches Konstrukt... wird praktisch erfahren. Wenn sich Schlüsselpersonen aus der Umwelt des Systems, die normalerweise als Außenstehende betrachtet werden, bei einem Treffen mit allen Teilnehmenden gründlich austauschen können, bevor Pläne geschmiedet werden, handeln alle ganz selbstverständlich systemisch. Niemand muss sie dazu auffordern. Sie erleben, wie sie gemeinsam Dinge erreichen, die keiner alleine angepackt hätte.

– Beispiel –

Kleine Ursache – große Wirkung

„Ich habe mit Beschäftigten aus der Rechenzentrale eines großen Versicherungskonzerns gearbeitet", erzählte die Beraterin Billie Alban, „die Datenbänder von den Rechnern nahmen und sie mit neuen fütterten. Sie nannten sich ‚Band-Affen'. Ich wollte, dass sie erleben, wie wichtig sie sind. Wenn die Bänder zu spät eingelegt wurden, waren alle im Konzern davon betroffen."

Billie veranlasste ein gemeinsames Treffen mit den Hauptabteilungsleitern. Sie ließ die Gruppe die Konsequenzen durchspielen, wenn die Bänder verspätet eingelegt würden. Unter anderem konnte die Firma große Aufträge verlieren. Wenn das System versage, meinte einer der Chefs, könnte es ihren Ruf und das Geschäft ruinieren.

Ein Arbeiter hatte etwas beobachtet, was vorher niemandem aufgefallen war. „Auf dem Steuerpult", sagte er, „gibt es einen Knopf, der das System im ganzen Land herunterfahren könnte, wenn ihn jemand zufällig drückt." In der Mittagspause kauften die Arbeiter etwas Plastik und bastelten einen Schutz für diesen Knopf. Erst jetzt begriffen alle, wie die Arbeiter im Rechenzentrum sich für den ganzen Konzern einsetzten.

Der ganze Elefant – Gestalt, Umwelt und sein Inneres

Es geht nicht nur um die Umwelt des Elefanten und was er wahrnimmt. Wir achten auch auf seine Werte und Gefühle und gestalten unsere Verfahren so, dass die Teilnehmenden sich auch dazu uneingeschränkt äußern können. Wenn wir also vom ganzen Elefanten reden, meinen wir damit die ganze Welt der Teilnehmenden; was sie ihnen bedeutet, wie sie sich in ihr fühlen, was sie jetzt darin tun und in Zukunft in die Hand nehmen wollen.

Wenn Sie möchten, dass der ganze Elefant erkundet wird, achten Sie darauf, dass es auch wirklich umfassend geschieht. Es spielt keine Rolle welche Werkzeuge Sie benutzen. Jede Methode funktioniert, solange sie die „Asch Bedingungen" (Sechster Leitsatz „Teilgruppen erkennen und mit ihnen arbeiten") erfüllt, die allen ermöglicht über eine Welt zu reden, die die Wahrnehmungen jedes Einzelnen beinhaltet.

Werkzeuge um das Ganze zu untersuchen

Nach 20 Jahren des Experimentierens verlassen wir uns auf vier Werkzeuge, mit denen das Ganze erforscht werden kann: Dialogrunden, Zeitleisten, Mind Maps und Ablaufpläne. Sie ermöglichen allen, über dieselbe Welt zu reden; jeder, der möchte, kann sich auf gleicher Augenhöhe beteiligen; die Techniken erhellen die Beziehung, die jeder zu seiner Aufgabe hat; und sie ermutigen, sich mit seinen eigenen Besonderheiten und Interessen zu zeigen, was die Zusammenfügung der Gruppe unterstützt.

Viele nehmen ein Leben lang an allen möglichen Treffen teil, ohne diese Dynamik jemals zu erleben, obgleich sie einfach aktivierbar ist. Allein deswegen sind unsere Techniken ein Quantensprung von der herkömmlichen zur systemischen Leitung und Begleitung von Treffen. Jeder lernt mehr über das Ganze, als irgendeiner der Teilnehmenden vorher gewusst hatte – und das in wenigen Minuten oder Stunden. Besser können Sie Ihre Zeit nicht investieren.

1. Fangen Sie mit einer Dialogrunde an

In Dialogrunden kann jederzeit viel Information von allen an alle weitergegeben werden. In der Regel beginnen wir ein Treffen damit, dass alle ihren Namen nennen, kurz etwas zu ihrer Tätigkeit sagen und was sie zu diesem Treffen geführt hat. So wird etwas über die Herkunft und Beweggründe jedes Teilnehmenden bekannt, und alle bekommen ein Gespür dafür, wo die anderen gerade stehen. Jeder hat gesprochen und ist gehört worden; eine Gemeinschaft beginnt sich zu entwickeln.

Dialogrunden sind wichtiger, als Sie denken. Carol Bartz, Präsidentin des Softwarekonzerns Autodesk, nahm einmal an einem Treffen von führenden Geschäftsleuten und Politikern in Washington teil, bei dem es keine Vorstellungsrunde gab. Die Männer an ihrem Tisch nahmen an, sie sei eine Bürokraft. „Passiert ständig“, meinte Carol (Cresswell, 2006). Bei Ihren Treffen muss das nicht so sein.

Zu Beginn eines Treffens kann in einer Dialogrunde auch die Tagesordnung verändert oder ergänzt werden. Die Teilnehmenden äußern sich nacheinander oder spontan… bis alle dran waren, die gehört werden wollten. Ein schnurloses Mikrophon unterstützt diesen Prozess.

Sie können ein Treffen immer unterbrechen, wenn die Dinge im Nebel liegen, Konflikte oder Verwirrung sich einstellen, und eine Runde anbieten, in der jeder zu Wort kommen kann. Auch das ist Aufgliederung (Sechster Leitsatz „Teilgruppen erkennen und mit ihnen arbeiten").

Dialogrunden eignen sich besonders gut, um

- Annahmen über Fremde zu verringern
- zu erfahren, wo andere stehen, bevor Entscheidungen getroffen oder eine Herausforderung angegangen wird
- einer festgefahrenen Gruppe zu ermöglichen, wieder in Gang zu kommen… besonders wenn Sie nicht wissen, wie es weitergehen soll
- Annahmen in der Runde zu überprüfen

– Beispiel –

Hat das Museum eine Zukunft?

Die Mitarbeiter eines kleinen Museums, in dem die unterschiedlichen Kulturen der Stadt ausgestellt wurden, machten sich Sorgen über den Rückgang der Besucherzahlen. Sie fragten sich, wie sie für dieses ernste Thema die Erfahrung des Vorstands nutzen und gleichzeitig alle eine neue Einschätzung der heiklen Lage des Museums gewinnen könnten. Nach dreißigjähriger Entwicklung konkurrierten die vielen kulturellen Ereignisse in der Stadt um die Gunst der Besucher. Der Vorstand war sich nur schemenhaft der bedeutenden Veränderungen bewusst, die das Museum betrafen. Jedes Mitglied hatte seine eigenen Verbindungen – zu Banken, Stiftungen, Unternehmen und sozialen Einrichtungen – und wusste durchaus, dass sich in der Stadt vieles veränderte.

In einer der regelmäßigen zweistündigen Sitzungen bat der Vorstandsvorsitzende jedes Mitglied kurz über die Veränderungen zu berichten, die in seiner oder ihrer Organisation stattfanden, und welche Auswirkungen dies auf das Museum haben könnte.

Innerhalb von 30 Minuten hatten die 25 Personen im Raum alle ein sehr viel klareres Bild von den konkurrierenden Veranstaltungen und Aktivitäten in der Stadt, als jeder von ihnen es vorher hatte ... und noch wichtiger, sie stellten fest, dass eine Änderung der Museumspolitik für sein Überleben entscheidend war.

Dialogrunden können auch spontan eingesetzt werden, immer wenn Leute handeln wollen, ohne die Situation schon vollständig zu überblicken.

– Beispiel –

Alle hier sind unglücklich

In der Mittagspause trafen sich einige Teilnehmer eines Workshops, um ihren Frust rauszulassen. Die Leiter hörten im Vorbeigehen ärgerliche Stimmen und hitzige Kommentare, in denen auch sie vorkamen. Sie fragten, ob sie sich beteiligen dürften. Als erstes sagte jemand: „Alle hier sind unglücklich, dass Sie uns keine konkreten Methoden vermitteln. Bis jetzt gab's nur generelle Grundsätze und nichts Handfestes."

Einer der Leiter meinte: „Wir würden gerne von jedem von Ihnen etwas dazu hören, bevor wir darauf eingehen. Spricht mein Vorredner für Sie alle?" Einer nach dem anderen erzählte seine Sicht der Dinge. Ungefähr die Hälfte der Gruppe war zufrieden. Sie hatten sich zu dem Pausentreffen gesellt, um herauszufinden, was los war. Der Rest sprach unterschiedliche Punkte an: Äußere Faktoren (zu heiß im Tagungsraum), Fragen der Beteiligungsmöglichkeiten (nicht genug oder zu viel Kleingruppenarbeit), und der Wunsch sofort in praktische Übungen einzusteigen, anstatt später, wie von den Leitern vorgesehen. Es stellte sich heraus, dass nur wenige die Sorgen des lautstärksten Redners teilten. „Also", fragten die Leiter, „was sollen wir tun?" Die Gruppe entschied, den Tagungsverlauf mit kleinen Anpassungen beizubehalten. Die Angelegenheit war innerhalb weniger Minuten zur Zufriedenheit aller behoben.

2. Arbeiten Sie mit Zeitleisten

Wir benutzen Zeitleisten, um von der Vergangenheit zu lernen, Muster in der Gegenwart zu finden und Erkenntnisse für zukünftiges Handeln zu gewinnen. Eine Zeitleiste besteht aus einem Streifen Papier, das in Zeitabschnitte unterteilt ist (1970, 1980...). Ronald Lippitt hat uns in diese Technik eingeführt. Wir benutzen einen sieben Meter langen Papierstreifen, entweder von einer Rolle (ca. 65 cm breit), oder mehrere der Länge nach aneinandergeklebte Flipchartbögen. Dieser Streifen wird an die Wände rundherum im Raum angebracht, mit dem zu untersuchenden Gegenstand beschriftet (z.B. Gesundheitswesen in Miami Beach; Organisation Green Thumb; Stadtteil Lower East Side) und in Fünf- oder Zehnjahresintervalle unterteilt. Für kleine Gruppen können Sie kürzere Papierstreifen verwenden.

Alle Teilnehmenden schreiben oder malen auf die Zeitleiste, halten Ereignisse, Entwicklungen und Veränderungen fest, die sie erinnern. Dann verfassen Kleingruppen aus den Informationen eigene Geschichten. Wir bitten sie immer zu erzählen, wie ihre Geschichte mit der Arbeit des Treffens zusammenhängt.

Wir können eine Zeitleiste oder auch mehrere einsetzen, abhängig davon, wie viele Ebenen eines Systems wir auf einmal erforschen wollen (z.B. Ich, mein Stadtteil und unsere Welt); alle sind in die gleichen Zeitabschnitte unterteilt. Die drei so entstandenen Zeitleisten werden untereinander gehängt, damit leichter zu erkennen ist, was ich z.B. in meinem 25. Lebensjahr erlebt habe, während in meinem Stadtteil Rassenunruhen ausbrachen und im entfernten Europa der Eiserne Vorhang fiel.

– Beispiel –

Die Sportfischerei schützen

Eine Vertriebsgruppe für Anglerbedarf lud zu einer Konferenz mit 50 Vertretern von Organisationen ein, die sich mit der Sportfischerei in Seen und Flüssen beschäftigten. Die Teilnehmer – Ausrüstungshersteller, Kapitäne von Charterbooten, Angler, Autoren – hatten sich nie zuvor getroffen und fragten sich, ob sie irgendetwas gemeinsam hätten. Die Gruppe war verblüfft, als der Begleiter Dick Axelrod sie bat zwei Zeitleisten anzufertigen, eine zur jüngeren Geschichte des Sportfischens, und die zweite über die Erfahrungen, die sie zu ihrem Beruf gebracht hatten.

Innerhalb einer Stunde gewann die Gruppe zwei wertvolle Einsichten, die sich so vorher niemand bewusst gemacht hatte. Obwohl ihre Probleme regional variierten, waren sich alle einig, dass sie die Umwelt schützen mussten, wenn Fischen als Sport überleben sollte. Eine weitere Gemeinsamkeit war, dass viele unbewusst ihren Beruf aus demselben Grund gewählt hatten: Sie erinnerten sich daran, wie schön es gewesen war, beim Fischen mit ihren Vätern allein zu sein. Alle wollten dieses Vermächtnis den zukünftigen Generationen erhalten.

Wenn Sie mit dieser Methode arbeiten, achten Sie darauf, dass Sie um so mehr Zeit brauchen, je mehr Zeitleisten Sie haben. Überfrachten Sie die Teilnehmenden nicht mit zu vielen Fragen. Was auf der Zeitleiste steht, ist verdichtete, komplexe Information. Es braucht nur ein oder zwei Fragen, um darüber in einen Austausch über Muster in der Vergangenheit zu kommen und Erkenntnisse für zukünftiges Handeln zu gewinnen.

3. Lassen Sie Mind Maps erstellen

Die dritte Technik zur Erforschung des ganzen Elefanten ist ein Gruppen Mind Map. Entwickelt von Tony Buzan (1991), können Mind Maps bei unterschiedlichen Aufgaben eingesetzt werden: Brainstorming, Probleme lösen, Entscheidungen fällen... Es kann in 15 oder 20 Minuten fertig sein; das anschließende Gespräch dauert so lange, wie Zeit zur Verfügung steht. Größere Gruppen können auch 45 Minuten für ihr Mind Map benötigen.

Für kleinere Gruppen reicht eine Pinwand, bei größeren braucht es ein Plakat von 2×4 Meter oder mehr an einer Wand.

In die Mitte des Blattes schreiben wir in einen kleinen Kreis, um was es bei dem Treffen geht. Dann machen sich die Teilnehmenden Gedanken über aktuelle Trends in der Gesellschaft, die Einfluss auf ihr Anliegen haben. Trends zeigen Veränderungen an, z.B. von mehr zu weniger (Einwanderung nimmt ab), kleiner zu größer (Handynutzung wächst)… Sie können genausogut Ursachen, Merkmale, Bedürfnisse, Interessenvertreter und Symptome auf das Mind Map bringen – eigentlich alles.

Jeder Trend wird auf eine neue Linie geschrieben, die direkt vom Kreis ausgeht, oder als Nebenast von einer schon existierenden Linie abzweigt, wenn der Schreiber meint, sie gehören irgendwie zusammen. Die Person, die einen Trend benennt, bestimmt seinen Platz auf dem Mind Map.

Alle Trends sind von Bedeutung und gehören auf das Mind Map. Wir bitten um konkrete Beispiele, damit jeder weiß, was der Sprecher meint. Wenn jemand sagt: „Das Gesundheitswesen wird schlechter", fragen wir nach einem Beispiel. „Ich musste letzte Woche vier Stunden mit meinem Kind in der Notaufnahme warten." Ein anderer Teilnehmer sagt vielleicht: „Ich denke, das Gesundheitswesen wird besser. Ich bekam einen Bypass, der mein Leben gerettet hat." Beide Aussagen sind von Bedeutung, beide gehören auf das Mind Map.

Mit dem Mind Map entwickelt die Gruppe eine Sicht der Welt, die alle ihre Wahrnehmungen beinhaltet. Alle folgenden Gespräche nehmen Bezug auf diese gemeinsame Welt, und jeder Trend auf dem Mind Map ist ein Teil von ihr.

4. Lassen Sie die Gruppe Flussdiagramme anfertigen

Sie können ein Flussdiagramm benutzen, um strukturiert ablaufende Prozesse zu verstehen, sei es die Herstellung eines Produktes, die Organisation einer Spendenkampagne oder einer Dienstleistung. Diese Technik funktioniert am besten bei Systemen, in denen jeder Schritt auf den vorherigen folgt. Im Kundenservice beginnt der Prozess z.B. mit einem Telefonanruf. Ein Kundenberater nimmt den Anruf an, fragt nach Namen, Telefonnummer oder anderen Kenndaten und ruft die Datei des Anrufers auf den Bildschirm. Die Anfrage wird eingegeben und an den Zuständigen weitergeleitet. Der Anruf mag verschiedenste Schritte auslösen, vom Überprüfen eines Lieferdatums bis zur Rücknahme eines Produktes.

Das Flussdiagramm würde Möglichkeiten für verschiedene Folgeschritte enthalten, wenn es sich (a) um einen neuen Anrufer handelt, (b) Schlüsselinformationen fehlen, (c) eine neue Lieferung nötig ist oder (d) ein Kundenbesuch arrangiert werden muss. Je mehr unterschiedliche Schritte im Ablauf möglich sind und je komplexer das System ist, desto mehr Fehlermöglichkeiten gibt es, die nur ein oder zwei Menschen innerhalb des Unternehmens überblicken, aber alle betreffen. Experten entwerfen Flussdiagramme komplexer Systeme; und nur dieselben Experten suchen dann auch nach den Fehlern.

Wenn Sie aber wollen, dass der Ablauf von allen im System verstanden wird, und alle zuverlässige „Störungssucher“ werden können, sollten Sie am besten ein Flussdiagramm von der Gruppe anfertigen lassen. Es wird gemeinsam erstellt und damit das ganze System in einen Raum geholt. Jeder beschreibt einen Schritt, und jeder Schritt wird auf einem großen Plakat an der Wand festgehalten, wo alle das sich entwickelnde Ganze sehen können. Die Schlüsselfragen sind „Was geschieht als erstes?“ und „Was geschieht als Nächstes?“ und „Was passiert dann?“. Falls an irgendeinem Punkt niemand weiß, wie der nächste Schritt aussieht, unterbrechen wir die Arbeit und fragen: „Wer weiß das?“ Dann schicken wir nach der Person, die die Antwort hat. Niemand kann das Ganze verstehen, bis das fehlende Glied eingefügt ist.

– Beispiel –

Ein endloser Weg – oder es geht sofort

Eine Firma, die Maschinen für die Krebstherapie herstellt, erhielt Beschwerden von Krankenhäusern wegen langer Verzögerungen bei der Ersatzteillieferung. Da es noch keine Personal-Computer gab (noch gar nicht so lange her), installierten die Manager eine kleine Arbeitsgruppe, um den Prozess zu beschleunigen. Die Angestellten fertigten ein Flussdiagramm; der erste Schritt war der Auftrag, der per Telefon einging. Als sie den Ablauf verfolgten, stießen sie auf einen Umstand, der alle erstaunte. Ersatzteilanfragen gingen über 21 Schreibtische in drei Gebäuden, bevor sie zwei Wochen später als Lieferanweisung im Warenlager auftauchten. Zahlreiche Formulare wurden ausgefüllt, Bestellanforderungen unterschrieben und Bewilligungen eingeholt, eine Fülle von Ablaufschritten, die sich über viele Jahre angesammelt hatten.

„Wie lange dauert es denn, wenn es um Leben oder Tod geht?“, fragte ein Berater. „In dem Fall“, sagte ein Angestellter, „durchläuft jemand mit der Bestellung persönlich alle Stationen des ganzen Systems und lässt sie am selben Tag ausliefern.“

Die Arbeitsgruppe entschied, die Ausnahme zur Regel zu machen. In Zusammenarbeit mit allen Beteiligten reduzierte sie die Anzahl der erforderlichen Schritte von 21 auf 5 und machte eine Lieferung innerhalb von 24 Stunden zum Standard. (Heute wären solche Bestellungen schon nach einer Stunde auf dem Weg.)

Wenn Sie ein Flussdiagramm für ein System entwickeln, ist es nicht leicht dafür ein Zeitlimit zu setzen, außer alle Schlüsselpersonen sind anwesend. Je komplexer das System, desto mehr Zeit wird benötigt. Darüber hinaus lassen sich auch noch weitere Funktionen einbauen. Oft dient ein Flussdiagramm als Grundlage für eine Abweichungsanalyse, ein detailliertes Bild davon, welche Fehler wo und wie oft auftreten. Solche Analysen können unerlässlich für die Neugestaltung von Abläufen sein, die nicht mehr funktionieren. (Weitere Details in Weisbord, 2004, Kapitel 18, „Designing Work“)

Erst den ganzen Elefanten untersuchen – dann handeln

Lassen Sie sich nicht von Techniken verzaubern. Von dem Text auf dem Flipchart kann nicht darauf geschlossen werden, wie er dort hingekommen ist. Wichtiger ist es, erst mal den ganzen Elefanten zu untersuchen – egal mit welcher Technik – bevor man Entscheidungen fällt. Bei dieser Arbeitsweise ändern die Teilnehmenden ihre Haltung und Sichtweise, bevor ihre Schlussfolgerungen das Flipchart erreichen. Wenn Sie ein von Experten gefertigtes Flussdiagramm einbringen, ohne dass die Teilnehmenden es anhand ihrer Erfahrung verändern können, zäumen Sie das Pferd vom Schwanz auf. Wenn Sie zu schnell zur Handlungsplanung gelangen, kann es sein, dass die Teilnehmenden trotzdem noch gleichzeitig darum ringen, ihre Standorte, Festlegungen, Werte, Wahrnehmungen und Neigungen zu erkennen – nur unsystematisch. Die Chancen, dass Dinge zu Ende gebracht werden, sinken deutlich, wenn alle aneinander vorbeireden oder immer noch von verschiedenen Welten ausgehen.

Meinungen *sind* Fakten

„Welche Rolle spielt der Gegensatz von Fakten und Meinungen?“, fragte einer unserer Gutachter, nachdem er dieses Kapitel gelesen hatte. Für uns ist das eine uralte Debatte, die dieses Buch nicht beenden kann. Meinungen sind Fakten, nicht im wissenschaftlichen Sinne, aber die sie vertreten, handeln danach; es sind *ihre Fakten.* Außerdem können Fakten extrem flexibel sein. Wir haben erlebt, dass „harte Fakten“ dazu benutzt wurden, immer das zu beweisen, was jemand beweisen wollte. Forschungsergebnisse, Nachrichten und Reden werden so dargestellt, dass sie den eigenen Standpunkt untermauern. Genauso machen wir es in diesem Buch auch. Wir erwarten, dass Sie das Gleiche tun. Bei Treffen müssen sich die Teilnehmenden in diesem Punkt immer entscheiden. Sie können auf der Grundlage dessen arbeiten, was ihnen schon zur Verfügung steht, weiterreden, mehr Informationen sammeln, oder die ganze Sache vergessen.

Wir setzen auf gemeinschaftliches Lernen, bis eine begründete Entscheidung möglich ist. Das ist das Beste, was jede und jeder tun kann.

Zusammenfassung

Alles hat mit allem zu tun. Der beste Weg, alle Verbindungen zu finden, ist denen zuzuhören, die Erfahrungen aus erster Hand haben. Lassen Sie alles zusammentragen, was jeder beizutragen hat. So erhalten die Teilnehmenden sehr schnell ein realistischeres und komplexeres Bild, als irgendjemand von ihnen es zu Anfang hatte. Bringen Sie alle auf denselben Stand, bevor Sie sie einladen, nach Lösungen zu suchen oder Entscheidungen zu fällen. Die Teilnehmenden werden selbstgesteuerter und selbstverantwortlicher die Vorhaben ihrer Wahl in die Hand nehmen.

Empfehlungen für Ihr nächstes Treffen

- Probieren Sie eine Dialogrunde zu einer wichtigen Frage, damit jeder Teilnehmende dazu etwas sagen und gehört werden kann.
- Versuchen Sie es entsprechend Ihrer Zielsetzung mit einer Zeitleiste, einem Mind Map oder einem Flussdiagramm. Ergibt sich ein Bild des Ganzen, das keiner der Teilnehmenden vorher so hatte?
- Warten Sie mit der Arbeit an Lösungen und Entscheidungen, bis Sie sicher sind, dass alle Aspekte untersucht wurden.

Vierter Leitsatz
Verantwortung wahrnehmen – gemeinschaftlich

> Ein Reeder bestellte einen neuen Öltanker. Dann heuerte er den Berater Gunnar Hjelholt an, der die Mannschaft bei der Gestaltung ihrer Arbeitsorganisation begleiten sollte. Keiner hatte schon mal Entscheidungen in einer Gruppe getroffen. Sie quälten sich durch etliche Sitzungen und wollten dann von Gunnar hören, was sie tun sollten. Er fragte: „Wer trägt die Verantwortung für dieses Schiff?"
>
> Madsen & Willert (2006)

Viele Kräfte in der Gesellschaft und in uns selbst erschweren es, für sich selbst Verantwortung zu übernehmen. Wir fügen uns denen mit Macht und Einfluss, wenden uns an Experten für Lösungen und lassen uns von Zauberern unterhalten. Wir versinken in Selbstzweifel, wenn es unübersichtlich wird, und halten Ausschau nach Helden, die uns Sicherheit garantieren. Kein Wunder, dass Anführer die meiste Arbeit für uns erledigen sollen – auch bei unseren Treffen, Sitzungen...

In diesem Kapitel stellen wir einen Ansatz vor, wie Treffen gestaltet werden können, um Teilnehmende zu ermutigen Verantwortung gemeinschaftlich wahrzunehmen. Viele Menschen in unterschiedlichen Kulturen haben damit erfolgreich gearbeitet. Wir mussten dafür von vielen über Jahrzehnte liebgewonnenen Verfahren Abschied nehmen. Heute erreichen wir mehr in Veranstaltungen – egal wie kurz oder lang sie sind – als zu der Zeit, in der wir meinten, alles hinge von uns ab.

Wenn Sie eine Gruppe nach diesem Ansatz leiten, werden Sie

sich damit Ihrer eigenen Annahmen stärker bewusst, und – auch wenn das paradox klingt – Sie hören auf, sich den Kopf darüber zu zerbrechen, was Menschen tun werden und was nicht.

Weniger tun – mehr Raum schaffen

1. Gehen Sie davon aus, dass alle ihr Bestes tun

Wenn Sie diese Überschrift verinnerlichen, werden Sie sich weniger Sorgen machen und mehr erreichen. Nehmen wir an, Sie glauben fest daran, dass alle immer das Beste tun, zu dem sie gerade fähig sind. Und nehmen wir weiter an, Sie erkennen Ihre eigene Ungeduld, Ihren Perfektionismus, Ihre Beurteilungen und Annahmen als Gründe, warum Teilnehmende von Ihnen abhängig bleiben. – Stellen Sie sich vor, Sie würden sich entscheiden, Hindernisse beiseite zu räumen, anstatt selbst alles voranzutreiben. Was würden Sie dann anders machen?

Irgendwann ging uns auf, dass wir ganze Bereiche im Spektrum menschlicher Erfahrung gar nicht kannten... dabei gab es in den Treffen Erfahrungen in Hülle und Fülle, und sie saßen genau vor uns. Als wäre das nicht schon schlimm genug, wir wussten auch vieles über uns selbst nicht. Kein Wunder, wir waren ja ständig damit beschäftigt, die Motive anderer Menschen zu ergründen. Nichts reduziert die eigene Angst wirkungsvoller als alles mit Etiketten zu versehen. Es gab so viele Deutungsmuster, es war erschreckend. Jeder Lehrgang und jedes Buch brachten neue hervor; sie wuchsen wie Pilze aus dem Boden.

- Sie igeln sich ein, weil sie für ihr Versagen nicht getadelt werden wollen.
- Er tut alles, um die Aufmerksamkeit auf sich zu ziehen.
- Sie hat Angst davor, eine schlechte Figur abzugeben.
- Er ist passiv.

- Sie ist aggressiv.
- Sie legen es darauf an das Treffen zu sabotieren.
- Sie sind Opfer kultureller Kurzsichtigkeit (von Sexismus oder Rassismus oder Altersdiskriminierung oder was Sie sonst noch so fürchten).

Wenn Sie nach diesen Diagnosen handeln, bewegen Sie sich auf sehr dünnem Eis. Sie können richtig liegen oder völlig falsch, sich teilweise irren, oder ganz einfach bei Alice im Wunderland herumspazieren. Je heterogener eine Gruppe ist, um so mehr Auslegungen sind möglich und um so wahrscheinlicher ist es, dass Sie sich irren. Keine Beschreibung deckt die Wirklichkeit ab.

Vor einigen Jahren sind wir zu dem Schluss gekommen, dass wir überall defensives Verhalten und Widerstand finden, wenn wir danach suchen. So würden wir nie zu den eigentlichen Aufgaben vordringen. Sobald Sie sich aber entscheiden, mit Menschen so zu arbeiten, wie sie sind, anstatt sie mit Etiketten zu belegen, können Sie Ihre Kräfte dort einsetzen, wo es wirklich sinnvoll ist. Andere so zu akzeptieren wie sie sind, schafft Vertrauen und stärkt die Gemeinschaft.

Auf dieser Grundlage werden Zweck, Ziele und Aufgaben die treibenden Kräfte der Veranstaltung.

Menschen tun nur das, wozu sie bereit und in der Lage sind. Das ist alles, was für die Arbeit zur Verfügung steht. Eine Kollegin begleitete eine intensive Diskussion mit führenden Managern eines weltumspannenden Konzerns. „Sie hatten so viel Energie", berichtete sie, „dass sie nicht einmal eine Pause gemacht haben." Aber plötzlich ging es nicht weiter. Alle hörten auf zu reden und gingen auch nicht mehr aufeinander ein. „Ihr Chef schaute zu mir rüber und erwartete, dass ich etwas unternahm", fuhr sie fort. „Meine Gedanken rasten: *Sie sind nicht ehrlich miteinander; sie kommen nicht weiter und verschanzen sich. Ich muss eine Zusammenfassung anbieten, damit sie wieder in Gang kommen.*

Stattdessen fragte ich ‚Was denken Sie gerade?' Eine Stimme aus den hinteren Reihen meldete sich: *Hey, wir brauchen eine Pinkelpause!*"

Von den Weirs lernen

Wir verdanken unsere Philosophie des Handelns den Erkenntnissen von John und Joyce Weir, Freunde und Kollegen, die mehr als 50 Jahre lang mit Gruppen zum Thema „Selbst-Aufgliederung" arbeiteten. Wir haben den Ansatz der Weirs bei Treffen überall in der Welt eingesetzt und gesehen, wie Menschen so mehr erreicht haben, als sie oder wir erwarten konnten. Die Weirs haben niemals andere gedrängt etwas zu tun, das sie nicht tun wollten. Sie blieben die ganze Zeit verbindlich, engagiert, enthusiastisch und ansprechbar. Sie sagten nichts Wertendes darüber, ob oder wann oder wie Menschen sich einbringen sollten. Ihre einzige Anweisung war, nichts zu tun, womit man sich selbst oder anderen Schaden zufügen könnte.

„Jeder Einzelne", sagten die Weirs, „tut in jedem Augenblick das Beste, zu dem er fähig ist." Dieser Gedanke zieht sich durch unsere ganze Arbeit. Unter diesem Blickwinkel haben wir viel über unsere eigenen und die Fähigkeiten anderer gelernt.

2. Lassen Sie versteckte Anliegen der Teilnehmenden in ihrem Versteck

Uns ist es recht, wenn Teilnehmende ihre Anliegen unter Verschluss halten. Wir wollen nicht wissen, was sie *nicht* gesagt haben. Wer sich dafür entscheidet, seine „eigentlichen" Gefühle oder die „eigentlichen" Informationen zu verbergen, muss das mit sich selbst ausmachen. Jeder hat das Recht, Dinge nicht preiszugeben, denn nur die Entscheidung zählt.

Die Welt dreht sich weiter, auch wenn einiges nie an die Oberfläche kommt. Wenn wir es zu unserer Aufgabe machen, anderen alle Steine aus dem Weg zu räumen, berauben wir sie ihrer Verantwortung für sich selbst. Jeder hat seine eigene Art sich durchzuwursteln. Also ermutigen wir zu Offenheit, aber wir fordern sie nicht ein.

Für uns treibt das Ziel die Veranstaltung voran. Wir sorgen dafür, dass die Aufgabe ständig im Mittelpunkt steht. Wir befassen uns mit heiklen Anliegen nur, wenn wir dazu eingeladen werden und sie direkt mit der Erreichung des Ziels zusammenhängen. Solange die Teilnehmenden an der Aufgabe weiterarbeiten, ist es egal, was sie zurückhalten.

– Beispiel –

Wer schleicht hier um den heißen Brei?

Der Gründer und Leiter einer erfolgreichen gemeinnützigen Organisation bat uns um Unterstützung bei einer betrieblichen Umstrukturierung. Aus einem Büro war in 30 Jahren ein Betrieb mit über 2000 Mitarbeiter*innen* in verschiedenen Bundesstaaten geworden. In der Planungsphase ließ der Chef durchblicken, dass er darüber nachdenke, in den Ruhestand zu gehen. Seine Mitarbeiter schienen erfreut, dass er es angesprochen hatte. Niemand fragte, ob er einen Zeitplan hätte oder wie die Nachfolge geregelt werden solle.

Als die Konferenz näherrückte, fragten wir den Direktor, wie er das Thema seines Ruhestandes in der Veranstaltung handhaben wolle. Er meinte, dass er nichts vorbereitet hätte, aber bereit sei, darüber zu reden, wenn es zur Sprache käme. Die Organisation rühmte sich ihres offenen Arbeitsklimas. Vor der Konferenz hörten wir Gerüchte über die Pläne des Direktors. Hatte er einen Nachfolger parat? Wie würde der Übergang gestaltet werden?

Das Treffen mit 60 Personen aus allen Hierarchieebenen verlief reibungslos. Der Direktor engagierte sich und ermutigte die Teilnehmenden „über den Tellerrand hinaus“ zu denken und zu handeln. Während der zweieinhalb intensiven Tage dezentralisierten die Mitarbeiter ihr Hauptquartier und richteten Teams für die langfristigen Programme ein. Niemand nahm das Wort Ruhestand in den Mund. Gegen Ende der Konferenz fragten wir uns, ob wir öffentlich machen sollten, was alle beschäftigte. Als wir den Direktor während einer Kaffeepause darauf ansprachen, lächelte er geheimnisvoll. Wir beschlossen uns herauszuhalten; das ging uns nichts an. Fünf Jahre später sprach der Direktor noch immer über seinen Ruhestand. Die Organisation wuchs ständig weiter, und auf den Fluren gab es weiterhin Gerüchte.

Sich nicht zu äußern bedeutet nicht automatisch, dass etwas verborgen wird

Wir haben uns angewöhnt, nach den Berichten aus den kleinen Gruppen im Plenum, zu weiteren Beiträgen einzuladen. In einigen Kulturen tauscht man sich lebhaft in kleinen Gruppen aus, hält sich aber in den großen Gruppen zurück aus Angst, sich zu blamieren oder als Selbstdarsteller zu gelten. In solchen Fällen laden wir nach diesen Berichten dazu ein, sich noch einmal in den eigenen kleinen Gruppen über das eben Gehörte auszutauschen. Danach bitten wir die Teilnehmenden im Plenum um Kommentare, was sie gelernt haben oder ihnen aufgefallen ist. So werden Informationen allgemein bekannt, und individuelle Bemerkungen bleiben anonym.

3. Tun Sie weniger, dann werden die anderen mehr tun

Wenn Sie wollen, dass andere Verantwortung übernehmen, versuchen Sie weniger zu tun, als Sie es gewohnt sind. Die Natur duldet kein Vakuum. Wenn Sie sich zurückhalten, übernehmen andere. Und wenn Sie davon überzeugt sind, dass alle ihr Bestes tun, brauchen Sie auch niemanden zu verbessern. Die größte Herausforderung für uns alle ist zu lernen, miteinander zu arbeiten, so wie wir sind – einschließlich unserer Unzulänglichkeiten, Schönheitsfehler und Vorurteile. Jedes Mal, wenn Sie jemandem oder einer Gruppe „helfen“, berauben Sie andere der Möglichkeit, etwas Konstruktives zu tun.

Der einzige Weg herauszufinden, was Menschen anpacken werden, ist ihnen Möglichkeiten zu zeigen, die sie noch nie hatten. Je mehr Raum Sie selbst einnehmen – mit Erklärungen, Rationalisierungen, Interpretationen und Rechtfertigungen – desto weniger Raum bleibt für andere. Die lehnen sich zurück, lassen Sie arbeiten und begutachten kritisch Ihre Vorstellung. Wenn Sie dann etwas ansprechen, das an den Teilnehmenden nagt, kann es einen Aufstand geben, und Sie werden in den Widerstand gedrängt. Davon hat niemand etwas; die eigentlichen Aufgaben sind in weite Ferne gerückt.

Früher haben wir alles selbst auf Flipcharts geschrieben, die Anliegen der Teilnehmenden einander zugeordnet und ihre Aussagen zusammengefasst. Heute laden wir die Gruppe ein, das alles selbst zu tun. Früher legten wir Arbeitsblätter auf jeden einzelnen Stuhl. Heute legen wir sie für alle sichtbar aus und laden dazu ein, sich zu bedienen.

Entscheiden Sie nicht alleine, was alle betrifft, sei es eine Zeitverschiebung, eine Veränderung der Aufgabenstellung oder eine Umstellung im Verlaufsplan. Alleine solche Entscheidungen zu treffen, kann unbeabsichtigte Folgen haben. Einige Teilnehmende treten dann alle Entscheidungen an Sie ab und beteiligen sich immer weniger. Andere wehren sich gegen Ihre Entscheidungen; das kostet Zeit und Aufmerksamkeit zu Lasten der Arbeit an den Aufgaben.

– Beispiel –

Was für eine Zeitverschwendung!

Shem Cohen unterstützte eine vierzigköpfige Gruppe bei der Planung einer großangelegten Kampagne für ihre gemeinnützige Organisation. Das Treffen begann mit einem Rückblick auf die Geschichte der Organisation. Plötzlich wurde er von zwei aufgebrachten Teilnehmern angegriffen. „Sie wollten die meisten Punkte im Verlaufsplan überspringen und gleich zur Handlungsplanung kommen", erinnerte er sich. „Sie meinten, ihre Zeit würde verschwendet. Ihr Gefühlsausbruch schien in keinem Verhältnis zu der Situation zu stehen.

Ich sagte ihnen, ich würde es begrüßen, dass sie mit ihren Bedenken zu mir kämen und wir uns darüber mit der ganzen Gruppe beraten müssten." Shem übergab die Entscheidung an die Gruppe. Nach einer viertelstündigen Diskussion über die Vor- und Nachteile waren sich alle einig, wie geplant fortzufahren. „Für mich", fuhr er fort, „war das beste Ergebnis, wie die beiden ernstgenommen wurden und dann auch weiter mitmachen wollten. Ich war darauf eingestellt, meinen Verlaufsplan fallenzulassen, wenn die meisten es gewollt hätten."

4. Unterstützen Sie Selbststeuerung

Diese Hinweise sind für alle gedacht, die ausdrücklich die Begleiterrolle wahrnehmen. Als Manager können Sie sich fragen, welche unterschiedlichen Auswirkungen es hat, wenn Sie eine Großgruppenveranstaltung selbst leiten oder jemanden dafür unter Vertrag nehmen.

Jeder Kleingruppe bei Großgruppenveranstaltungen Begleiter zuzuordnen, führt zu einer unbeabsichtigten Nebenerscheinung: Es nimmt den Gruppen die Möglichkeit, selbst verantwortlich zu agieren. In der Regel können Kleingruppen ihre Arbeit selbst organisieren und brauchen dafür keine externen Leiter oder Begleiter.

Anstelle externer Leiter oder Begleiter stellen wir den Kleingruppen einen „Leitfaden zur Selbststeuerung" vor. Wir laden dazu ein, dass Teilnehmende die Rollen *Gesprächsleiter*in, *Schreiber*in, *Berichterstatter*in und *Zeitnehmer*in übernehmen. Bei einer Gruppengröße von acht Personen ist damit die Hälfte immer in Führungsrollen.

*Gesprächsleiter*in:
Stellt sicher, dass alle, die sich äußern wollen, in der zur Verfügung stehenden Zeit auch gehört werden.

*Schreiber*in:
Hält die Aussagen aus der Gruppe mit den Worten des Sprechers auf einem Flipchart fest.

*Berichterstatter*in:
Berichtet dem Plenum in der vorgegebenen Zeit.

*Zeitnehmer*in:

Hält der Gruppe die noch verfügbare Zeit im Bewusstsein. Hilft dem Berichterstatter, seinen Bericht im Plenum im zeitlichen Rahmen zu halten.

Wir wissen auch, dass es nicht in jeder kleinen Gruppe klappt. Trotzdem ist unsere grundsätzliche Haltung, uns aus ihrer selbstgesteuerten Arbeit herauszuhalten. Gibt es Schwierigkeiten, sind wir zur Stelle, wenn die Gruppe uns einlädt. Wenn die Teilnehmenden ihre Fähigkeit zur Selbststeuerung entdeckt haben, gehen sie damit zunehmend selbstverantwortlich um. Unsere Aufgabe ist es, uns in Geduld zu üben, Unterstützung anzubieten und uns um die Begleitung der Gesamtgruppe zu kümmern. Dies sind nicht nur methodische Aspekte der Begleitung von Gruppen. Kleine Gruppen einzuladen selbstverantwortlich zu handeln, kann tiefergehende Auswirkungen auf das ganze System haben.

– Beispiel –

Mitarbeiter ermutigen eigenverantwortlicher zu handeln

Netafim ist ein Unternehmen im Besitz von drei Kibbuzim in Israel, das Bewässerungssysteme entwickelt, vermarktet und installiert. Das Management wollte erreichen, dass Mitarbeiter, meist auch Miteigentümer, in der Firma selbstverantwortlicher handeln.

Unterstützt von den Begleitern Avner Haramati und Tova Averbuch organisierte es eine *open space* Veranstaltung, in der die Teilnehmenden selbstgesteuert und eigenverantwortlich an ihren Anliegen arbeiten konnten. Das „ganze System" war eingeladen: Arbeiter, Angestellte, Vorstände und Manager aus dem Ausland. Aus dem Anliegen „Innovationen fördern" entstand eine Abteilung für Innovationen, die im nächsten Jahr zu einer Serie neuer Patente führte. „Die Leute beschweren sich nicht mehr", sagte ein Manager. „Sie setzen etwas in Gang und handeln, oder sie schweigen. Sie wissen, dass sie hier Dinge in die Hand nehmen können, die ihnen am Herzen liegen."

5. Halten Sie Ihren „Inneren Kritiker" im Zaum

Wenn Sie Ihre innere kritische Stimme besser kennenlernen, können Sie sie auch besser im Zaum halten. Die Stimme, die erwartet, verlangt und darauf besteht, dass alle Treffen perfekt ablaufen müssen, Ziele klar sind, alle sich anständig benehmen, Ängste sich in Gelächter auflösen, Feindseligkeit in Unterstützung verwandelt, Präsentationen kurz, klar und knackig sind, Fragen voller Einsichten gestellt werden, Antworten knapp ausfallen und sich Handlungsschritte so selbstverständlich aus Treffen entwickeln wie der Tag der Nacht folgt. Wenn irgendetwas von dem nicht eintritt, ist es sicher *Ihr* Versagen.

Ihre innere Stimme verlangt allerdings das Unmögliche. Wenn es Ihnen gelingt, sie abzustellen, erreichen Sie mehr von dem, was *Sie* wollen. Zumindest sollten Sie sie leiser stellen.

Wirkungsvolle Zurückhaltung gelingt, wenn wir an uns selbst arbeiten. Wir haben viel über Führung gelernt durch den kritischen Blick auf unseren Anspruch, perfekt zu sein, immer eine gute Figur zu machen, alles im Griff zu haben, Verantwortung dafür zu übernehmen, was Teilnehmende tun oder nicht tun. Wir raten Ihnen, sich auch zu beobachten. Die besten Hinweise für Ihre Führung bekommen Sie, wenn Sie aufgeregt sind, Ihnen die Knie zittern, Sie Ihr Gesicht verziehen, zusammenzucken, wenn jemand Sie kritisiert, oder Sie einem Teilnehmenden widersprechen wollen. Jedes Mal, wenn Sie eingreifen und jemanden korrigieren oder eine Aussage in Frage stellen wollen, warten Sie einfach ein paar Sekunden.

– Beispiel –

Angriffe durch sich hindurchgehen lassen wie Wind durch einen Baum

Ein Kollege begleitete die Strategieplanung einer erfolgreichen Organisation. Bei einem Treffen wurde er von einem vermögenden Teilnehmer angegriffen, der selbst die Macht in der Organisation anstrebte. „Und das versuchte er durch einen persönlichen Angriff zu erreichen“, erzählte unser Kollege, „da mich der Vorstand beauftragt hatte, den Prozess zu gestalten. – ‚Wer sind Sie denn?‘, fragte er mich und: ‚Was wollen Sie eigentlich hier? In was für einem Haus wohnen Sie?‘ – Mir schwirrten allerlei irrationale Dinge durch den Kopf. *Richtig, ich war finanziell nicht so erfolgreich wie diese Menschen (aber sie wussten das nicht). Ich lebte nicht in einer Villa und übernachtete gewöhnlich nicht in 5-Sterne-Hotels!*

Anstatt mich zu verteidigen oder sonst irgendwie auf die Angriffe einzugehen, ließ ich die Bemerkungen einfach durch mich hindurchgehen. – Mein oberster Grundsatz als Berater ist: Das Einzige, was ich kontrollieren kann, ist mein eigener Umgang mit der Situation, in der ich mich gerade befinde. – Ich wiederholte die Ziele des Treffens und fragte die Teilnehmenden, ob sie nach den vorangegangenen Gesprächen immer noch relevant seien, und wie sie weiter vorgehen wollten.

Ich ignorierte also den Köder, und der angriffslustige Mann beruhigte sich und beteiligte sich produktiv am weiteren Geschehen.“

6. Ermutigen Sie zum Dialog

Gestalten Sie Ihre Treffen dialogfreundlich. Jeder kann sagen, was er denkt, fühlt, sich wünscht oder vorhat, während die anderen zuhören. Wenn eine Diskussion, Debatte, Entscheidungen oder Lösungen notwendig sind, sorgen Sie dafür, dass zunächst alle Gelegenheit haben, sich zu äußern. Die Teilnehmenden machen eine gänzlich andere Erfahrung, wenn sie alle etwas zu einem Thema sagen können, ohne dass gleich auf jede einzelne Meinung von Ihnen oder einem anderen Teilnehmenden reagiert wird. Nur so lässt sich das ganze Spektrum der Sichtweisen und Interessen deutlich erkennen.

Manchmal werden Menschen sich ihrer Interessen erst wirklich bewusst, wenn sie sie ausgesprochen haben. Und sie sind eher bereit ihr Verhalten zu ändern, wenn sie die Blickwinkel anderer kennengelernt und ihre eigenen Sichtweisen geäußert haben, ohne sie anpreisen oder verteidigen zu müssen. Zu Beginn jedes Treffens betonen wir, wie wichtig es ist, uns gegenseitig unsere Sicht der Dinge mitzuteilen, und dass alle Sichtweisen und Ideen ihre Berechtigung haben. *Und:* Es liegt an den Teilnehmenden, was sie aus dem Treffen machen. Wenn wir sagen, dass Verwirrung, Angst und „wie im Nebel herumstochern" oft die Vorstufe von Klarheit, Begeisterung und Fokus sind, geht die Anspannung unter den Teilnehmenden zurück. Die Vorstellung, dass alle Ideen ihre Berechtigung haben, ist eine nützliche Grundlage für die Entschärfung von Konflikten.

– Beispiel –

Legitimierung von Widerstand bei einem Gemeindetreffen

„Letztes Jahr habe ich in einer ländlichen Gegend gearbeitet", erinnerte sich die Begleiterin Lisa Beutler. „Das Treffen war so konfliktgeladen, dass der Veranstalter Sicherheitspersonal vor Ort hatte, um Gewalt zu verhindern. Ich begann das Treffen mit der Vorstellung meiner Grundregeln. ‚Erstens: Wir sind hier, weil die Ideen aller gebraucht werden, auch solche, die Sie für falsch oder albern halten. Sie müssen nicht für Ihre Ideen werben oder sie verteidigen. – Zweitens: Jeder und jede hier hat das Recht, seine Meinung zu ändern.'

Während des Treffens verkündete jemand, den das Sicherheitspersonal bereits im Blick hatte, dass ‚Lisa, die Begleiterin, in Techniken zur Gedankenkontrolle geschult sei'. Die Gruppe war baff und forderte ihn auf, sich hinzusetzen.

Ich rief die Grundregeln in Erinnerung. ‚So denkt Jim gerade, und Ihr müsst ihm weder zustimmen noch müsst Ihr seine Sicht der Dinge ablehnen!'

Eine Frau sagte: ‚Ich bin von weit hergekommen, um hier Antworten zu finden', und andere nickten zustimmend. Die Teilnehmenden wandten sich danach wieder ihrer Aufgabe zu. Jim und seine große Anhängerschaft standen auf und gingen.

Die Gruppe war in der Sache immer noch gespalten, aber diese

Konfrontation war ein wichtiger Wendepunkt. Sie hatten nicht zugelassen, dass der Angriff auf die Begleiterin das ganze Treffen entgleisen ließ. Später erkannte ich, dass mir meine Grundregel nicht nur geholfen hatte, meinen Schock abzufangen und den Abweichler zu stützen, sondern auch bewirkte, dass die Teilnehmenden nicht in die Konfrontation einbezogen wurden. Sie konnten ihre Energie in die Arbeit fließen lassen, für die sie gekommen waren."

Zusammenfassung

Sie ermutigen Teilnehmende, für ein Treffen und seine Ergebnisse gemeinschaftlich Verantwortung wahrzunehmen, wenn Sie sich nicht die ganze Last selbst aufbürden. Geben Sie es auf, Einzelne und Gruppen zu diagnostizieren. Achten Sie in erster Linie auf die Struktur der Veranstaltung. Gewöhnen Sie sich daran, einfach mit den Menschen zu arbeiten, so wie sie sind.

Empfehlungen für Ihr nächstes Treffen

- Tun Sie weniger, damit andere mehr tun. Wenn das nächste Mal bei einem Treffen etwas Unerwartetes passiert: Einfach mal Nichts tun, nur dastehen! Atmen Sie einmal tief durch und achten Sie auf Ihre Gedanken und was Ihr Körper tun möchte. Sehen Sie sich dann um und nehmen Sie Blickkontakt mit so vielen Menschen wie möglich auf. Wenn Sie jemanden sehen, der sprechen möchte, nicken Sie in seine Richtung.

- Gehen Sie davon aus, dass alle ihr Bestes tun. Wenn Sie das nächste Mal eine Aussage hören, die Ihnen gegen den Strich geht, halten Sie nach dem Teil Ausschau, mit dem Sie übereinstimmen. Bestätigen Sie es – laut oder leise zu sich selbst.

- Hören Sie auf, nach den Dingen hinter den Dingen zu suchen. Anstatt zu ergründen, was die Menschen nicht sagen, richten Sie Ihre Aufmerksamkeit auf das, was gesagt wird. Was bleibt dann von Ihren Annahmen übrig?
- Nutzen Sie die Hinweise zur Selbststeuerung. Empfehlen Sie die vier Rollen zur Selbststeuerung... falls Sie selbst leiten, bieten Sie anderen die Rollen von Zeitnehmer, Schreiber und Berichterstatter an.

Fünfter Leitsatz

Die Gemeinsame Grundeinstellung feststellen

Die Gemeinsame Grundeinstellung enthält die Aussagen, denen alle Teilnehmer*innen* in einem Treffen im Hinblick auf ihre Werte, Normen und Ziele vorbehaltlos zustimmen.

Die Gemeinsame Grundeinstellung hat nichts mit Kompromiss zu tun. Wenn wir Aussagen zustimmen, die uns nur in Teilen gefallen, billigen wir Standpunkte, die wir nicht vorbehaltlos vertreten. Eine gemeinsame Grundeinstellung verpflichtet niemanden, um der Harmonie Willen einer Sache zuzustimmen, oder andere davon überzeugen zu müssen, dass die eigenen Ansichten die richtigen sind. Sich gründlich auszutauschen, damit wir „wissen, was wir einander sagen", ist die wichtigste Voraussetzung, um die Gemeinsame Grundeinstellung zu finden. Niemand muss dabei irgendetwas aufgeben, um sie zu entdecken.

Zur Gemeinsamen Grundeinstellung gehört auch, sich zu vergewissern, in welchen Punkten es keine Übereinstimmung gibt. Wenn wir sie klar benennen, nehmen wir damit die Sichtweise jedes Einzelnen zur Kenntnis und bestätigen die Aspekte, zu denen es keine Übereinstimmung gibt. Uneinigkeit wird Teil unserer Wirklichkeit.

Oft muss Uneinigkeit bei einzelnen Punkten als Grund dafür herhalten, an anderen nicht zusammenzuarbeiten. Wenn dagegen Übereinstimmung der Ausgangspunkt ist, kann auf Gebieten kooperiert werden, die alle gemeinsam beschäftigen. Wenn manche Menschen zustimmen und andere nicht, ist das weniger ein Problem, das wir lösen müssen, als eine Realität, die es anzuerkennen gilt. Alle sind frei weiterhin ihre Interessen zu verfolgen und wissen, mit wieviel Unterstützung sie rechnen können. Die

Bereitschaft wächst, sich für Dinge einzusetzen, die von allen gewünscht werden. Wenn eine Gruppe das „sowohl als auch" von Einigkeit und Uneinigkeit sieht, ist sie bei den Tatsachen des Lebens angekommen.

Die Gemeinsame Grundeinstellung zu finden, bevor Herausforderungen angegangen oder Entscheidungen gefällt werden, spart den Teilnehmenden viel Zeit.

- Es gibt weniger Unklarheit und Unsicherheit, wenn alle wissen, wo alle zustimmen und wo nicht.
- Energie kann in die Umsetzung fließen, anstatt in Überzeugungsarbeit.
- Die Neigung Verantwortung zu übernehmen steigt, wenn bekannt ist, wo alle stehen.
- Es wird schneller gehandelt.
- Die Beteiligten sind angenehm überrascht, wenn sie erleben, wie breit die Übereinstimmung ist.

Zur Gemeinsamen Grundeinstellung kommen

Vielleicht klingt das alles sehr idealistisch, und Sie fragen sich, wie so etwas praktisch aussehen soll. Auf jeden Fall sollten Sie die Teilnehmenden nicht am Anfang eines Treffens fragen, wie ihre Gemeinsame Grundeinstellung aussieht. Das könnte passen, wenn die Gruppe seit Monaten zusammenarbeitet und sich nicht mehr fremd ist. In den meisten Fällen müssen Sie den Boden bereiten, indem zunächst der ganze Elefant untersucht wird (Dritter Leitsatz). Auf der Grundlage einer so gewonnenen Sicht meines „Systems" (Firma, Schule, Stadtteil, Netzwerk...) gelingt die Feststellung der Gemeinsamen Grundeinstellung... hier ein paar Tipps.

1. Fangen Sie nicht gleich mit der Arbeit an Lösungen an

Warten Sie mit dem Lösen von Problemen, bis alle über die gleiche Welt reden. Jeder möchte gerne mit seinem Anliegen gehört werden. Wenn sie laut ausgesprochen werden können, wird gleichzeitig deutlich, wer dasselbe Anliegen hat… unsere gemeinsame Welt wird sichtbarer. Beginnt die Arbeit an Lösungen zu früh, erfährt die Gruppe zu wenig, welche Hoffnungen und Wünsche jeder Teilnehmende hat. Das ist aber für Lösungen notwendig, die nicht nur mitgetragen werden, damit das Treffen vorankommt, sondern auch in Handlungen münden sollen, die auf einem verlässlichen Fundament stehen.

2. Lassen Sie sich von Konflikten nicht beherrschen

Wenn Sie nach der Gemeinsamen Grundeinstellung suchen, kehrt sich die 80/20 Regel um, nach der Menschen oft 80% ihrer Zeit mit den 20% der Anliegen verbrauchen, bei denen sie nicht weiterkommen. Hier werden 80% der Zeit in das Entdecken der Werte, Normen und Ziele investiert, denen alle zustimmen.

– Beispiel –

Wie durch den Austausch zu übergeordneten Gesichtspunkten Konflikte in den Hintergrund treten

„Ich habe eine Reihe von Treffen im Bundesstaat Washington mit Farmern, Landarbeitern und Wohnungsbaugesellschaften begleitet“, erinnert sich der Berater Larry Dressler. „Der Gouverneur übertrug einer Gruppe die Aufgabe, Richtlinien zur Erstellung von öffentlich finanziertem Wohnraum für Landarbeiter zu entwickeln. Die Parteien waren seit Jahrzehnten miteinander verfeindet, und ihre Verhandlungen hatten nie zu irgendeinem Ergebnis geführt. Das erste Treffen endete mit gegenseitigen Beschuldigungen, *starre Positionen einzunehmen, zu denen es keine Zustimmung geben würde.*

Ich wurde gebeten, das zweite Treffen zu begleiten und bildete Dreiergruppen aus je einem Farmer, einem Landarbeiter und einem Mitarbeiter der Wohnungsbaugesellschaft. Ich bat sie, sich gegenseitig zu interviewen: ‚Erzählen Sie mir etwas über eine Zeit, in der Sie sich wirklich zu Hause gefühlt haben', und ‚Was bedeutet es für Sie, am Anbau von Lebensmitteln beteiligt zu sein, die von Menschen auf der ganzen Welt gegessen werden?'

Sehr schnell entdeckten sie gemeinsame Erfahrungen und Werte, die ‚Wohnen' und ‚Arbeiten in der Landwirtschaft' verknüpften. Fast spontan führte ihre Diskussion zu einer Reihe von ‚Pflichtkriterien für annehmbaren Wohnraum für Landarbeiter'. Durch die ‚wertschätzende Erkundung' in zwei Dimensionen der menschlichen Erfahrung fanden sie ihre gemeinsame Grundeinstellung. Das Ergebnis war eine Strategie für die Wohnraumentwicklung, die von jedem Mitglied der Gruppe gebilligt und aktiv unterstützt wurde."

3. Richten Sie Ihren Blick auf die Zukunft

Schaffen Sie einen Rahmen, in dem Menschen sich ihre Hoffnungen und Träume für die Zukunft erschließen können... sie wünschen sich nichts mehr als das und werden aus ihren Treffen etwas Bedeutendes machen. Wenn sie die Gelegenheit haben, ihre Wertvorstellungen in Richtlinien und Verfahren zu gießen, sind sie oft überrascht, wie viele mit ihnen übereinstimmen.

Wenn wir Zukunftsszenarien entwerfen, bitten wir die Teilnehmenden, sich einige Jahre in die Zukunft zu versetzen und sich vorzustellen, ihre Träume hätten sich verwirklicht. Sie sollen die entstandenen neuen Strukturen, Verfahren und Beziehungen beschreiben und dabei in der Gegenwart sprechen, und auf den einen allerwichtigsten Schritt zurückblicken, den sie vor Jahren tun mussten, um anfangen zu können. Bei der gegenseitigen Vorstellung der einzelnen Zukunftsszenarien wird fast immer deutlich, wie sich die Zielvorstellungen ähneln. Das sich dabei entwickelnde Erfolgsgefühl wollen die Teilnehmenden immer wieder erleben. In unserem Buch *Future Search* (2000) beschreiben wir diese Prozesse detailliert. Viele Verfahren, auch unsere, leiten sich aus den Erkenntnissen von Ronald Lippitt ab. Er zeigte, wie das Zurückblicken aus einer „erwünschten Zukunft" und die Vorstellung, was sie dafür *getan haben*, Menschen viel stärker motiviert als die Vorstellung, was sie *tun werden* (L. Lippitt, 1998).

– Beispiel –

Rückschau aus der Zukunft

Ann Badillo, Unternehmensberaterin, arbeitet mit „Rückschau"-Übungen (im Gegensatz zu Vorhersagen, bei denen die Teilnehmenden in der Gegenwart bleiben und von dort in die Zukunft schauen). Alle – bis zu 40 auf einmal – können der Gruppe aus der Zukunft berichten und sich Erfolge vorstellen, als seien sie bereits geschehen. „Es gibt Wissen in Hülle und Fülle", sagt sie. „Und jeder sieht, was andere tun. Zuerst arbeitet jeder allein und klärt dann seine offenen Fragen in kleinen Gruppen (45 Minuten). Schließlich werden in der Gesamtgruppe Muster, Themen, der rote Faden und die Lücken ausgetauscht. Wir bleiben im Dialog, bis die Sache rund ist."

Der Dialog zur Gemeinsamen Grundeinstellung

Nach der Arbeit an den Zukunftsszenarien folgt ein Dialog zu der Gemeinsamen Grundeinstellung... hier drei mögliche Verfahren. Jedes erfüllt seinen Zweck, vorausgesetzt, alle haben schon lange genug miteinander gearbeitet, um zu wissen, wo jeder steht.

1. Verfahren:

Beginnen Sie mit Einzel- oder Kleingruppenarbeit

Lassen Sie die Teilnehmenden allein oder in kleinen Gruppen aufschreiben, welchen Dingen ihrer Ansicht nach alle in der Gesamtgruppe zustimmen würden. Jede Person oder Gruppe bringt das Ergebnis an die „Gemeinsame Grundeinstellung“ Wand. Freiwillige gruppieren ähnliche Punkte und lesen sie laut vor. Laden Sie dazu ein, Verständnisfragen zu stellen. Falls etwas geändert werden soll, bitten Sie die ursprünglichen Verfasser*innen* zu erläutern, was genau gemeint ist. Stimmen alle einer vorgeschlagenen Änderung zu, laden Sie dazu ein, die neue Version aufzuschreiben. Wird nach einigen Minuten kein allgemeines Einverständnis zu einem bestimmten Punkt gefunden, hängen Sie ihn zur Liste „Nicht gemeinsam“.

2. Verfahren:
Arbeiten Sie gleich mit der Gesamtgruppe

Laden Sie die Teilnehmenden ein, aus der Gesamtgruppe heraus zu sagen, was ihrer Ansicht nach *alle* Anwesenden wollen. Freiwillige notieren die Punkte auf Flipcharts. (Sie können die Teilnehmenden auch bitten, sich zuerst einzeln Notizen zu machen.) Eine typische Ansage wäre: „Was meinen Sie, welchen Dingen würden alle hier im Raum zustimmen?“ Dann geht es weiter wie im ersten Modell beschrieben.

3. Verfahren:
Beginnen Sie mit kleinen Gruppen und Flipcharts

Kleine Gruppen halten auf je einem Flipchart die Punkte fest, denen ihrer Ansicht nach alle Anwesenden zustimmen würden, und stellen die Flipcharts dann nebeneinander vor die Gesamtgruppe. Zu jedem stellt sich ein Gruppenmitglied. Der erste liest nacheinander jeden einzelnen Vorschlag laut vor. Auf den anderen Flipcharts werden Doppelungen gestrichen. Wiederholen Sie diesen Vorgang, bis alle Listen durchgearbeitet und keine Mehrfachnennungen mehr vorhanden sind. Danach fahren Sie wie schon beschrieben fort.

Stichpunkte in aussagefähige Beiträge umwandeln

Der wichtigste Schritt ist der Dialog, nachdem die Aussagen veröffentlicht sind. Er ist an dieser Stelle entscheidend, weil die Menschen unterschiedliche Dinge meinen können, wenn sie dasselbe sagen... und umgekehrt. Fast immer bestehen Listen zur Gemeinsamen Grundeinstellung aus Stichpunkten, die nur von den Anwesenden verstanden werden. Als einen letzten Schritt können Sie Freiwillige bitten, für jeden Punkt kurz festzuhalten, was alle darunter verstehen: „Formulieren Sie die Aussagen so, dass jemand, der bei diesem Treffen nicht dabei war, versteht was gemeint ist.“

– Beispiel –

Justizvollzug im Bundesstaat Washington

Stichpunkte	**Aussagefähiger Beitrag**
• Zugang zu Gesundheitsdiensten • Gesundheitserziehung • Medizinische Versorgung für Straftäter • Rehabilitationsdienste	• Justizvollzug stellt Straftätern benötigte medizinische Versorgung, schafft Zugang zu Gesundheitsdiensten und zu Bildungseinrichtungen, die produktives und gesetzeskonformes Verhalten fördern
Stichpunkte • Finanzbedarf dokumentieren • Kosten/Nutzen Verhältnis managen • Verantwortliches Finanzmanagement • Kosten/Nutzen Verhältnis ist wichtig	**Aussagefähiger Beitrag** • Justizvollzug beantragt Mittel und fällt Entscheidungen unter Berücksichtigung von Kosten/Nutzen

Räumen Sie Zeit ein für Unklarheiten und Ängste

Die hier beschriebenen Verfahren führen innerhalb einer Stunde zur Zustimmung aller bei mindestens 80 % der Punkte, auch in Gruppen mit 60 bis 80 Teilnehmenden.

Eine Gruppe wird selten einfach nur zustimmend nicken. Wenn die Teilnehmenden sich austauschen können, entdecken sie fast immer Nuancen und Interpretationsmöglichkeiten und setzen sich mit Unklarheiten auseinander. Das dürfen Sie auf keinen Fall als Erbsenzählerei abtun. Unterschätzen Sie nicht, was für ein aufwendiger Prozess es ist, bis jeder weiß, wovon der andere redet und Ängste abgebaut sind... wesentliche Voraussetzungen, um sich verbindlich aufeinander einlassen zu können.

Manche Menschen stimmen Handlungsplänen trotz vorhandener Bedenken sehr schnell zu, um ihren eigenen Ängsten zu entkommen. Genau diese Handlungspläne landen auf dem Müll und verstärken die zynische Abwehrhaltung gegenüber „schnellen" Lösungen. Vermeiden Sie es, diese Tendenz zu verstärken. Schaffen Sie Raum für die Ängste der Teilnehmenden und nutzen Sie Ihre eigenen, wie im siebten Leitsatz beschrieben (Ich freunde mich mit Ängsten an). Sie werden erleben, dass die Teilnehmenden oft *zum ersten Mal* in ihrem Leben wirklich wissen, in welchen Punkten sie mit allen anderen übereinstimmen und in welchen nicht.

Was machen wir mit der „Nicht gemeinsam" Liste?

Auf dieser Liste landen auch immer einige Punkte. Wir lassen sie ebenfalls laut vorlesen und fragen die Teilnehmenden, ob sie sich über die Gründe ihrer unterschiedlichen Ansichten im Klaren sind. Es geht nicht um die Auflösung der Differenzen, sondern um Klarheit über die Unterschiede. Fragen Sie auch, wie sie mit den „nicht gemeinsamen" Punkten umgehen wollen. Zumindest sollten sie festgehalten werden. Wir sind uns bewusst, dass es keine perfekten Prozesse gibt und nicht immer alles für alle zufriedenstellend zu Ende gebracht werden kann. Menschen können auch für ihre Nicht-Übereinstimmungen Verantwortung übernehmen.

Die Wirksamkeit unserer Methode kann daran gemessen werden, in welchem Umfang die Teilnehmenden bereit sind, an den Punkten weiterzuarbeiten, denen alle zustimmen... also Vorhaben zu übernehmen und festzulegen, in welcher Zeit sie durchgeführt werden. Uns ist aufgefallen, dass es manchmal leichter ist, sich über die Gemeinsame Grundeinstellung zu verständigen, als zu handeln. Die Frage „Was *sollten* wir tun?“ anstelle von „Was *werden* wir tun?“ kann zu Prioritäten führen, für die es wenig Bereitschaft zur Umsetzung gibt. Bei einer Zukunftskonferenz meinten alle, dass der Zugang zu den Gesundheitsdiensten erleichtert werden sollte. Als die Teilnehmenden aber eingeladen wurden, sich den einzelnen Themen zuzuordnen, die Teil der Gemeinsamen Grundeinstellung waren, hatten alle andere Prioritäten. Bei der Handlungsplanung setzte sich niemand mehr für einen besseren Zugang zu den Gesundheitsdiensten ein.

Natürlich befreit das Fehlen einer gemeinsamen Grundeinstellung diejenigen mit Führungsverantwortung nicht davon, Entscheidungen zu treffen. Gibt es keine hundertprozentige Zustimmung zu einem dringenden Programmpunkt, müssen Sie die Entscheidung treffen, wenn Sie die Verantwortung tragen, oder dafür sorgen, dass die Verantwortlichen entscheiden. Seien Sie sich in diesem Fall darüber im Klaren, dass noch einiges unternommen werden muss, um andere ins Boot zu holen.

Vom Konflikt zur Gemeinsamen Grundeinstellung in Organisationen

Ein einfacher Weg, sich das Grunddilemma einer gemeinsamen Grundeinstellung in Organisationen vor Augen zu führen, ist noch einmal einen Blick auf die A/Z Studie von Lawrence und Lorsch (1967a) zum Einfluss von Strukturen auf das Verhalten zu werfen. Die beiden verglichen erfolgreiche und weniger erfolgreiche Unternehmen, die ähnliche Produkte herstellten. Sie kamen zu dem Schluss, dass erfolgreiche Unternehmen Unterschiede zwischen Abteilungen als notwendig unterstützen und deren Arbeit trotz unvermeidlicher Konflikte zusammenfügen. Wenn das nicht geschieht, sind Missverständnisse, Rivalitäten und Konflikte die Folge. Ihre Untersuchungsergebnisse gelten besonders für Mitarbeiter*innen* in den Bereichen Qualitätsmanagement, Training, Informationstechnologie, Personalentwicklung, Finanzen und Organisationsentwicklung. Die Arbeit in diesen Bereichen berührt viele Teile eines Unternehmens ganz direkt. Sie ist von Natur aus auf Kooperation und Zusammenarbeit ausgerichtet und trägt mit ihrer Expertise zum Erfolg der gesamten Organisation bei. Diese organisationsinternen Funktionen können alle von Treffen profitieren, die zukunftsorientiert und vorausschauend angelegt sind und eine gemeinschaftliche Wahrnehmung von Führung und Selbststrukturierung unterstützen.

Fest verankerte Strukturunterschiede in unterschiedlichen Abteilungen stehen einer Zusammenfügung entgegen. Jeder Betriebsbereich stellt andere Anforderungen, die von den dort Arbeitenden beachtet werden, wenn sie erfolgreich sein wollen. In Produktionsbetrieben können die Abteilungen Produktion, Verkauf, Marketing und Forschung leicht aneinandergeraten. Jeder Bereich hat seine eigenen Ziele; jeder arbeitet in einem anderen Zeithorizont: die Produktion heute, der Verkauf morgen und die Forschung übermorgen. Und in jedem Bereich gelten eigene Ansichten, wie wichtig zwischenmenschliche Kommunikation ist. Der Verkauf hält sie für entscheidend, Produktion und Forschung messen ihnen geringe Bedeutung zu.

Dies sind Strukturunterschiede, die in der Art der Arbeit begründet sind. Strukturelle Konflikte treten zwangsläufig auf, wenn Menschen an Orientierungsmustern festhalten, die zentraler Bestandteil ihrer Identität sind. Leider können Abteilungen leicht in die Falle geraten, den Konflikt der „Böswilligkeit“ der anderen zuzuschreiben – der schlimmste Fall; oder nur ihrem „persönlichen Stil“ – der harmloseste Irrtum. In solchen Fällen werden persönliche Eigenheiten in den Mittelpunkt von Maßnahmen gestellt, statt der Strukturen, die ursächlich für den Konflikt sind.

Wir haben drei Tipps für Sie, die Ihnen helfen, die undurchlässigen Grenzen der Abteilungen zu öffnen, bereichsübergreifende Konflikte zu reduzieren und mit verschiedenen Parteien zu einer Gemeinsamen Grundeinstellung zu kommen.

1. Entpersönlichen Sie Konflikte

Nur wenige machen sich klar, wie sehr *Strukturen* der Grund dafür sind, dass unterschiedliche Aufgaben miteinander in Konflikt stehen. Menschen bedienen sich vorhandener Klischees, finden Sündenböcke und bauschen eher oberflächliche Unterschiede auf, um zu begründen, warum sie Recht haben und die anderen Unrecht. Eine selbsterfüllende Prophezeiung wird zur Realität, wenn alle Beteiligten sich darin überbieten, das Schlimmste im anderen hervorzurufen.

Konflikte entpersönlichen bedeutet, den Beteiligten zu versichern, dass ihr spezifischer Fokus notwendig ist, um in ihrem Bereich ihr Bestes geben zu können.

Aufgabenbezogene Konflikte sind eher beherrschbar als zwischenmenschlicher Zwist. Sie werden erleben, wie Menschen sich entspannen, wenn sie von Ihnen hören, dass ihre starke Verbundenheit mit der eigenen Arbeit völlig in Ordnung ist. *Natürlich* führen verschiedene Ziele zu unterschiedlichen Erwartungen. *Natürlich* machen Menschen mit unterschiedlich langen Zeitvorgaben unterschiedliche Pläne. Sie werden selbst auch entspannter, wenn Sie mit den Menschen arbeiten, wie sie sind, und nicht, wie Sie sie gerne hätten. (Dies ist kein Argument gegen Kommunikationstraining... das können wir immer gebrauchen. Unsere Sichtweise betont die Bedeutung von Strukturen in Systemen aller

Art – Firma, Schule, Stadtteil, Netzwerk – und kann bei der Planung, Einbettung und Durchführung von Trainings Orientierung geben.)

2. Unterstützen Sie den Umgang mit Konflikten

Lawrence und Lorsch haben bei ihren Forschungen herausgefunden: Gruppenmitglieder untergraben das Fundament für Ergebnisse, wenn sie Unterschiede geradebiegen oder ihnen aus dem Weg gehen wollen, um Konflikten auszuweichen. Wenn sie andererseits kämpfen oder drängen, bauschen sie Unterschiede möglicherweise auf und bringen noch mehr Sand ins Getriebe. Erfolgreiche Unternehmen haben sich Konflikten gestellt und Problemlösungsverfahren eingesetzt, um mit Konflikten umzugehen... also Unterschiede und den Dialog darüber hoffähig gemacht. „Du glaubst das eine, ich glaube das andere." Nur so lassen sich Probleme wirklich lösen. Denken Sie aber daran, dass Sie die Suche nach der Gemeinsamen Grundeinstellung in den Vordergrund rücken müssen, wenn Konflikte nicht leicht aufgelöst werden können.

3. Unterstützen Sie Zusammenarbeit

Lawrence und Lorsch (1967b) sahen auch, wie Unternehmen konstruktiv mit unterschiedlichen Sichtweisen umgingen. Produkt- und Projektmanager wurden zum Beispiel beauftragt, Zusammenarbeit für ein besseres Gesamtergebnis zu erreichen. Die erfolgreichen unter ihnen konnten Unterschiede tolerieren und zunehmend unterschiedliche Bedürfnisse anerkennen, ohne dabei Partei zu ergreifen. Wenn sie als glaubwürdige Experten gesehen wurden, die keine persönlichen Interessen verfolgten, konnten sie Mitarbeiter dafür gewinnen, das Gesamtergebnis im Blick zu behalten.

– Beispiel –

Das sind die Schachteln, die Ihr Leute unbedingt haben wollt, und die bekommt Ihr auch!

Bei dem abteilungsübergreifenden Treffen flogen die Fetzen. Die Leute vom Marketing hatten eine wütende Aktennotiz verteilt: Die Umstellung von einem auf ein anderes Produkt dauerte einfach zu lange. Alle an der Herstellung Beteiligten waren versammelt und kamen nicht weiter.

„Wir können diesen Mangel an Kooperation nicht dulden", sagte jemand aus dem Verkauf. „Uns ist völlig egal, welche Schwierigkeiten Ihr in der Produktion habt. Wir müssen die Verkaufsregale voll haben."

„Einen Augenblick", konterte der Produktionsleiter, „ohne uns bleiben Eure Regale leer. Wir sind nicht schuld daran, dass eine Umstellung der Paketgrößen bei verschiedenen Produkten jedes Mal acht Stunden dauert. Eure Kunden wollen ihre Lieferungen am liebsten immer gleich nach der Bestellung. So schnell schaffen wir das nicht."

In der aufgeheizten Situation warfen wir ein: „Es ist doch im Interesse aller, dass die Herstellung läuft und auch pünktlich geliefert wird. Wir gehen jetzt zusammen zum Verpackungsband und schauen uns das mal an."

In der Fabrikhalle zeigte uns der Einrichter, warum Umstellungen so lange dauerten. Für jede Paketgröße musste das Band vollkommen neu justiert werden. „Das sind die Schachteln, die Ihr Leute unbedingt haben wollt, und die bekommt Ihr auch!", sagte er zu den Vertretern aus dem Verkauf.

Der Leiter des Verkaufs war verblüfft: „Wir brauchen keine unterschiedlichen Schachteln." Er rief den Designer an, der sagte: „Wir dachten, der Verkauf wollte verschiedene Größen." Er gab einen sofortigen Neuentwurf in Auftrag, die Produktion stieg an, und ein großer Konflikt löste sich auf. Drei Abteilungen hatten ihre Gemeinsame Grundeinstellung an der Verpackungsmaschine gefunden.

Die ersten fünf Leitsätze im Zusammenspiel

Unsere Leitsätze hängen zusammen und entfalten ihre Wirkung erst im Zusammenhang. Wenn der ganze Elefant untersucht werden soll, wird „das ganze System im Raum“ gebraucht. Um die Gemeinsame Grundeinstellung zu finden, müssen alle Beteiligten ihre Wahrnehmungen und Übereinstimmungen selbst verantworten. Überzeugende Beispiele dafür gibt es bei *open space* Veranstaltungen (Harrison Owen, 1997). Im *open space* werden Teilnehmende eingeladen, ihre Anliegen selbst einzubringen und sich dazu in so vielen Anliegengruppen zu treffen, wie sie wollen. Sie halten sich ständig über alles, was in der Veranstaltung geschieht, auf dem Laufenden und entscheiden selbst, welche Vorhaben sie verfolgen werden. Je mannigfaltiger die Zusammensetzung der Gruppe – so die Erfahrung in der Praxis – desto vollständiger erfasst jeder Einzelne das Ganze.

An dem folgenden Beispiel können Sie sehen, was geschieht, wenn (a) das ganze System versammelt ist, (b) Arbeitsstrukturen detailliert vorbereitet werden, (c) der ganze Elefant untersucht wird, (d) Verantwortung gemeinschaftlich wahrgenommen und (e) die Gemeinsame Grundeinstellung festgestellt wird.

– Beispiel –

Örtliche und regionale Interessen sind verknüpft

Jean-Pierre Beaulieu begleitete eine *open space* Veranstaltung mit mehr als 100 Bürger*innen* und mehreren Bürgermeister*innen* aus einem Landkreis in der Provinz Quebec in Kanada. Zu ihrer Überraschung stellten die Beteiligten bei mehreren Schwerpunkten eine gemeinsame Grundeinstellung fest – bei Umweltschutz, Recycling, Gesundheitsvorsorge, Kulturtourismus und dem Wunsch nach engeren Beziehungen zwischen Schulen und regionalen Arbeitgebern zur Verringerung der Schulabbrecherquote. Das hatte bis jetzt niemand für möglich gehalten.

„Ich glaube", sagte Jean-Pierre, „dass sich Menschen aus den verschiedenen Gemeinden für die ganze Region einsetzten, als sie sahen, wie breit die Gemeinsame Grundeinstellung ist. Das Treffen eröffnete einen neuen Dialog, der nicht möglich war, solange jede Gemeinde nur ihre eigenen Interessen verteidigte. Am Ende der Veranstaltung meinten viele, dass sie zum ersten Mal das Leben in ihrem Landkreis als Ganzes gesehen hätten. Mehrere Bürgermeister sagten, dass dieses Treffen ihre zukünftigen Planungen beeinflussen würde und sie die Meinungen ihrer Mitbürger zu den diskutierten Anliegen stärker berücksichtigen würden."

Zusammenfassung

Die Gemeinsame Grundeinstellung beinhaltet für uns die Aussagen, mit denen alle einverstanden sind, nachdem alle Anliegen und Blickwinkel öffentlich gemacht wurden, einschließlich der Uneinigkeiten. Wenn einige einer Ansicht zustimmen und andere nicht, behandeln Sie dies als eine Tatsache des Lebens und nicht als Problem, das es zu lösen gilt.

Die Gemeinsame Grundeinstellung festzustellen, verbessert die Zusammenarbeit und führt zu schnellem Handeln bei gemeinsam interessierenden Fragen.

Empfehlungen für Ihr nächstes Treffen

- Wählen Sie ein Anliegen, für das eine gemeinsame Grundeinstellung wichtig ist. Erklären Sie den Teilnehmenden, dass Probleme und Konflikte als Information behandelt werden, bis alle verstehen, wo sie übereinstimmen und wo nicht. Schaffen Sie Möglichkeiten für Dialog, in dem die Teilnehmenden ihre Übereinstimmungen bestätigen.

- Stellen Sie eine Liste der „Nicht gemeinsamen“ Punkte zusammen.
- Wählen Sie eine der drei in diesem Kapitel beschriebenen Möglichkeiten, um eine gemeinsame Grundeinstellung zu finden (siehe Seite 111 „Der Dialog zur Gemeinsamen Grundeinstellung“). Wenden Sie sie an – mal sehen, was geschieht.

Sechster Leitsatz

Teilgruppen erkennen und mit ihnen arbeiten

Kurz nach dem Zweiten Weltkrieg führte Solomon Asch, ein aus Deutschland geflüchteter Psychologe, eine Reihe berühmt gewordener Experimente mit Gruppen durch. Asch nahm an, dass ein Einzelner in einer Gruppe, wenn er mit einer eindeutigen Wahl konfrontiert wird, richtig wählen würde, egal was die anderen tun. – Wie er sich irrte! Er gab jedem Teilnehmenden ein Kärtchen mit einem Strich. Sie sollten einen gleichlangen Strich aus einem anderen Kärtchen mit drei unterschiedlichen Strichen auswählen. Bis auf die Versuchsperson wurden vorher alle angewiesen, falsche Antworten zu geben. Der Proband widersprach der Gruppe mehrmals und wurde dabei immer unruhiger und unsicherer. Innerhalb von 12 Versuchen schlossen sich die meisten Versuchspersonen der Gruppe an. Nur jeder Vierte hielt dem Gruppendruck stand und blieb bei der eindeutig richtigen Antwort.

Wir hatten das Glück, Solomon Asch ein paar Jahre später besuchen und seine Experimente mit ihm diskutieren zu können. „Ich suchte nach Bedingungen, unter denen jede Person unabhängig von Gruppendruck sein konnte“, erzählte er uns. Er war überrascht, wie wenige sich gegen eine Gruppe behaupten konnten, die eindeutig falsche Antworten gab. Er hatte gedacht, der eigene Verstand würde den Sieg davontragen.

Asch führte Variationen seines Versuches durch. Er unterstützte Abweichler mit einem (geheimen) Verbündeten, der im Voraus angewiesen wurde, eine Antwort entgegen der Mehrheit zu geben. Solange eine weitere Person der Mehrheit ebenso widersprach, blieben die Versuchspersonen ihrer Überzeugung treu.

Dabei spielte es keine Rolle, ob die Antwort des Verbündeten richtig war... wichtig war nur, dass es ihn gab. Als Nächstes ließ Asch den Verbündeten unter einem Vorwand den Raum verlassen. Die meisten Versuchspersonen gaben dann wieder Antworten, von denen sie wussten, dass sie falsch waren. Sie brauchten die Unterstützung eines Verbündeten, um ihre Wirklichkeit aufrechtzuerhalten (Asch, 1952 & Faucheux, 1984).

Asch hatte eine Teilgruppe aus zwei Personen gebildet, die durch ihre gemeinsame Haltung verbunden waren. Ohne Unterstützung können nur wenige Menschen unabhängig bleiben.

Er erzählte uns, er habe überhaupt nicht damit gerechnet, dass seine Erkenntnisse auch bei Treffen in der Wirtschaft angewendet würden. Tatsächlich hat er die Tür zu effektiveren Treffen aller Art in der ganzen Welt geöffnet.

Was geschieht in der Gruppe

Die Arbeit mit Teilgruppen verbessert die Arbeit der Gesamtgruppe

Zwei Jahrzehnte später experimentierte Yvonne Agazarian (1997) mit der Theorie, dass Gruppen neue Fähigkeiten entwickeln, wenn sie Unterschiede in den Einstellungen der Teilnehmenden entdecken und sie dafür nutzen, die Gruppe zusammenzuhalten, die Zusammenarbeit zu verbessern und bei der Aufgabe zu bleiben. Sie hatte festgestellt, dass Personen Gefahr liefen, ignoriert, genötigt oder angegriffen zu werden, wenn sie umstrittene Aussagen machten. Wenn das geschah, kehrten die Teilnehmenden ihrer Aufgabe den Rücken und beschäftigen sich stattdessen mit ihren Gefühlen von Recht und Unrecht.

Damit Gruppen „ganz" bleiben und an ihrer Aufgabe arbeiten, muss sichergestellt werden, dass niemand für eine außergewöhnliche Aussage zum Sündenbock gemacht wird. Immer wenn Meinungsverschiedenheiten im Prozess auftauchten, bildete Agazarian Teilgruppen für Teilnehmende mit einer ähnlichen Haltung; diese Teilgruppen waren in der Lage, mit Konflikten wirksam umzugehen. Gab es eine für jede unterschiedliche Haltung, konnten sich alle eher auf die Aufgabe konzentrieren... solange die Gruppen sich nicht schon bekämpften. Außerdem vermochten die Teilnehmenden Lösungen für komplexe Probleme zu entwickeln, wenn sie ähnliche Einstellungen zwischen den verschiedenen Teilgruppen entdeckten.

Dem Auseinanderbrechen von Gruppen vorbeugen

Wenn in einer Gruppe Spannungen durch unterschiedliche Haltungen auftreten und sich aufschaukeln – und Sie nicht gewohnt sind, solche Spannungen auszuhalten – kann es schwierig werden damit umzugehen und ein Auseinanderbrechen der Gruppe zu verhindern. Dann brauchen wir Unterstützung, und wir finden sie in Techniken, die wir aus Yvonne Agazarians Erkenntnissen entwickelt haben und in diesem Kapitel vorstellen.

Mit Agazarians Ansatz, Gruppen durch die Bildung von Teilgruppen zu unterstützen, trotz unterschiedlicher Haltungen weiter an ihren Aufgaben zu arbeiten, befreien Sie sich davon, jedes auftauchende Problem selbst lösen zu müssen.

Sie brauchen weder das Verhalten einer Gruppe, ihren Entwicklungsstand oder die Persönlichkeiten ihrer Mitglieder zu untersuchen, noch sich mit individuellen Verhaltensweisen auseinanderzusetzen. Sie werden nur dann aktiv, wenn Meinungsverschiedenheiten drohen, die produktive Arbeit zum Erliegen zu bringen. Anstatt sich vor Konflikten zu fürchten, können Sie Unterschiede als kreativen Schub für die Weiterarbeit erleben, ohne dass die Teilnehmenden dabei alle einer Meinung sein müssen.

Meine richtigen und deine falschen Ansichten

Das Begleiten von Treffen ist für jeden eine Herausforderung, weil Unterschiede niemanden kalt lassen: Wir können sie hassen, lieben, sie meiden, oder alle darauf stoßen, aber es ist sehr unwahrscheinlich, dass wir gleichgültig bleiben. Wenn eine Gruppe sich an ihnen reibt, kann der Dialog in einer Kapitulation enden oder zur Attacke werden. Die Aufgabe interessiert niemanden mehr. Einige Teilnehmende wollen andere davon überzeugen, dass sie falsch liegen. Einige wollen die Gefühle anderer nicht verletzen; einige verteilen Etikette wie „Gegner jeglichen Wandels“ oder „Sensibelchen“, oder was immer ihnen sonst noch einfällt.

Ob irgendetwas davon ausgesprochen wird oder nicht, sobald der (meist unbewusst ablaufende) Prozess erst einmal in Gang gekommen ist, können Sie sich von jeder Ausrichtung auf die Aufgabe, kreativen Lösung und engagierten Umsetzung von Vorhaben verabschieden. Wenn es wirklich brennt, wird aus der schlichten Tatsache „Du glaubst dies, ich glaube das“ schnell „Meine vernünftigen Ansichten“ gegen „Deine bescheuerten Ansichten“. Die sich überlegen fühlen, werfen ihr Gewicht in die Waagschale, und die unsicher sind, geben auf oder rebellieren.

Der Frust steigt. Wie verhindern Sie eine Explosion? Wenn Ansichten aufeinander prallen, könnten Sie versucht sein, die Wogen zu glätten. Tun Sie das nicht! Wir wollen Sie darin bestärken, auf Spannungen zu reagieren, indem Sie neugierig auf sie zugehen. Wenn es Ihnen gelingt, die Teilnehmenden dabei zu unterstützen, ihre eigenen und die Unterschiede anderer aufzugliedern, hat die Gruppe die erste wichtige Hürde genommen… jetzt können die nächsten Schritte getan werden, um alle Ressourcen, Ideen, Fähigkeiten und Visionen für Lösungen und Entscheidungen zusammenzufügen.

Wir regen uns über Unterschiede auf

Eine nahezu universelle Erfahrung macht die hier vorgeschlagene Praxis zu einer persönlichen Herausforderung für jeden von uns. Seit jeher haben Menschen Klischees gegenüber anderen Familien, Stämmen, Dörfern... gebildet. Es ist unser Los alle und alles zu kategorisieren, bevor wir es kennen.

Wenn wir bei einem Treffen auf Fremde stoßen, bewegen wir uns auf Menschen zu, die uns ähnlich sind, weg von denen, die nicht so sind wie wir. Wir bilden Annahmen über andere, obwohl wir sie kaum kennen, und tun das so automatisch, wie wir atmen. Meistens schadet das niemandem. Wenn wir jedoch mit anderen zusammenarbeiten müssen, können sich erste Eindrücke zu trennenden Haltungen ausweiten. Wie oft denken wir in entweder/oder Kategorien: Männer oder Frauen, Reiche oder Arme, Alte oder Junge, dick oder dünn, helle Haut oder dunkle, behindert oder nicht behindert, klein oder groß, krank oder gesund, mit Wohnung oder obdachlos, in Arbeit oder arbeitslos.

Die Liste nimmt kein Ende. Und unsere negativen Vorhersagen können tödliche Folgen haben, wie jeder weiß, der in Nordirland, im Nahen Osten oder Teilen von Afrika gelebt hat. Es beginnt mit Vorurteilen wie: „Katholiken sind..., Protestanten sind..., Israelis sind..., Palästinenser sind..., Schwarze sind..., Weiße sind..., Latinos sind..., Asiaten sind..., Reiche sind..., Arme sind...“, und endet mit widerlichen Zuschreibungen, Feindseligkeit und Aggression, die seit Jahrhunderten anhalten. Um die Konflikte zu erleben, brauchen Sie nicht dorthin zu gehen, wo sie offensichtlich sind. Wenn Sie genau hinsehen, finden Sie vielleicht einige in sich selbst. Vorstufen solcher ausgrenzenden Zuschreibungen können Ihnen in jedem Treffen begegnen.

– Beispiel –

Wir haben tausend Jobs

Wir begleiteten ein Treffen zum Thema „Aus der Sozialhilfe in feste Arbeitsverhältnisse", das zum Ziel hatte, Bürger*innen* an der Durchführung eines neuen Bundesgesetzes zu beteiligen. Am Treffen nahmen Banker, Geschäftsleute, Sozialarbeiter*innen*, Regierungsbeamte und Sozialhilfeempfänger*innen* teil. Die Veranstaltung begann mit einer guten Portion Verständigungsbereitschaft auf allen Seiten, als die Veranstalter darüber sprachen, wie wichtig es sei, herauszufinden, was Familien und Arbeitgeber im Hinblick auf Ausbildung, Transport von und zur Arbeit und Kinderbetreuung brauchten, damit von Sozialhilfe lebende Vollzeit-Eltern Arbeit aufnehmen könnten.

Gleich danach berichtete die Gruppe der Sozialhilfeempfänger, wie schwer es für sie sei, Arbeit zu finden, worauf die Arbeitgeber erwiderten, dass sie zusammen 1000 unbesetzte Stellen hätten.

„Wenn Sie wirklich wollen", sagte ein Geschäftsmann und ging zum Angriff über, „könnten Sie leicht einen dieser Jobs bekommen!"

Eine Mutter nahm die Herausforderung an. „Sie haben keine Ahnung, wie mein Leben aussieht!", schoss sie wütend zurück. „Ich habe mich für einige dieser Stellen beworben, und alles, was Ihr Personalbearbeiter sieht, ist mein schwarzes Gesicht!"

In nur 15 Sekunden fielen die Teilnehmenden übereinander her, angestachelt von ihren gegenseitigen Vorurteilen. Wie konnten diese Teilgruppen für die Arbeit an der zentralen Aufgabe genutzt werden? (Das Verfahren dazu beschreiben wir in diesem Kapitel.) In diesem Fall kam der Wendepunkt nach einem langen Dialog, als ein anderer Arbeitgeber sich der wütenden Frau zuwandte und sagte: „Sie haben Recht. Ich habe keine Ahnung, wie Ihr Leben aussieht, und ich möchte gern mehr darüber wissen."

Nachfolgend geben wir Hinweise zum Verständnis von Teilgruppendynamiken, damit Sie eine Situation wie die gerade beschriebene begleiten können.

Teilgruppen bilden sich bei allen Treffen

Jedes Treffen bietet eine wunderbare Gelegenheit für gegenseitige Zuweisungen, die wir aus den besten und schlimmsten Ecken unserer Psyche beziehen. Im achten Leitsatz schauen wir uns „Übertragungen" an und was Sie tun können, um sie in Schach zu halten. Ganz egal, wie Sie ein Treffen strukturieren, die Teilnehmenden werden vom ersten Augenblick an in unsichtbare Teilsysteme hineingezogen. Weil wir die meisten unserer Übertragungen geheimhalten, sind auch die scheinbar reibungslos und geordnet ablaufenden Treffen ein Gemenge von unausgesprochenen Wünschen, Energien und zurückgehaltenen Impulsen. Jemand bewertet etwas und stößt zu einer Teilgruppe, zu der alle gehören, die ähnliche Gedanken haben. Das merkt natürlich niemand, außer Sie machen in der Gruppe eine Umfrage. Das informelle System organisiert sich selber.

An der Oberfläche verhalten sich alle, wie es in Treffen üblich ist. Darunter jedoch hat jeder eine Haltung zu jeder einzelnen Aussage, stimmt zu, distanziert sich oder ignoriert sie. Jede Aussage sorgt ständig für die Bildung neuer unsichtbarer Teilgruppen. Wenn Sie sich eine Sitzung als Comic vorstellen, würden Sie über dem Kopf jeder Person Gedankenblasen sehen wie: „Blöder geht's nicht." Oder: „Sowas würde mir nie in den Kopf kommen." Oder: „Nichts als Ablenkung." Oder: „Endlich mal einer, der Klartext redet."

Nur selten werden diese Gedanken auch für alle hörbar ausgesprochen. Wir entdecken früh im Leben, wie waghalsig es sein kann, aus der Gruppe auszuscheren. Wenn doch jemand diesem Impuls nachgibt, sind manche irritiert, andere fühlen sich hilflos und hoffen oder erwarten gar, dass die Begleitung es richten wird. Wieder andere stellen herausfordernde Fragen oder erklären geduldig, warum hier das Thema verfehlt wurde. Einige üben einen stetigen, freundlichen Zwang aus, ihre Sicht der Dinge zu übernehmen. Kein Wunder, dass viele Menschen ihre Ideen oder Gefühle zurückhalten, weil sie fürchten, die unausgesprochenen Normen der Gruppe zu verletzen.

Stereotype Teilgruppen in funktionale umwandeln

Glücklicherweise gibt Ihnen schon allein das Wissen um dieses Phänomen Leitungsmöglichkeiten, die Sie bis jetzt noch nicht hatten. Mit einigen sorgfältig gewählten Worten können Sie eine stereotype Teilgruppe in ihr funktionales Gegenstück umwandeln. Wir verwenden hier das Adjektiv *funktional* in der Bedeutung „zum Wachstum beitragen" und nicht auf eine konkrete Funktion bezogen. Stereotype Teilgruppen, die Menschen in ihren Köpfen bilden, können in funktionalen Teilgruppen aufgehen. Die dafür aus Yvonne Agazarians Arbeit abgeleitete Praxis ist einfach, schnell und wirkungsvoll.

Asch demonstrierte, dass Menschen ihre Unabhängigkeit behalten, solange jede Person eine*n* Verbündete*n* hat. Agazarian ging noch weiter: Solange es für jeden Standpunkt eine Teilgruppe gibt, jede Stimme gehört wird und Teilnehmende neue Informationen beitragen, ist die gesamte Gruppe eher im Stande an ihrer Aufgabe weiterzuarbeiten.

Da dieser Punkt so leicht zu übersehen ist, wiederholen wir es noch mal. Solange es für jede Person einen funktionalen Verbündeten gibt – jemanden, der die gleichen Ideen und/oder Gefühle hat – ist die Wahrscheinlichkeit hoch, dass eine Gruppe weiterarbeiten wird. Die Teilnehmenden werden sich nicht damit ablenken, diejenigen abzulehnen, zu retten oder zu Sündenböcken zu erklären, die das Risiko eingehen, nicht mit der Gruppe übereinzustimmen.

Wenn Stereotype drohen, die Arbeitsfähigkeit der Gruppe zu beeinträchtigen, ist es unsere Aufgabe, die Teilnehmenden darin zu unterstützen, die funktionalen Unterschiede im Blick zu behalten. Wenn wir das hinkriegen, erledigen die Gruppen den Rest.

Einfach mal Nichts tun

Wenn wir Treffen begleiten, tun wir nichts, solange die Teilnehmenden an der Aufgabe arbeiten und

- ihre eigenen Ideen und Vorstellungen einbringen
- Fragen stellen
- Fragen beantworten
- Informationen erfragen oder beitragen
- die Ideen anderer weiterentwickeln

Auch wenn die Teilnehmenden sich quälen, stolpern, verwirrt sind, vom Thema abkommen oder laut träumen... stehen wir einfach nur da. In der Regel erholt sich eine Gruppe schnell von gelegentlichen Abstechern. Jeder Beitrag ist nützlich, auch wenn das nicht gleich ins Auge fällt. Gruppen scheint es nichts auszumachen, wenn jemand ins Stocken gerät... uns auch nicht. Wenn mehrere Beiträge hintereinander vom Thema abweichen, weisen wir darauf hin: „Wo sind wir gerade? Ich glaube, ich verliere den Faden."

Wenn ein Teilnehmer sich weit vom Thema entfernt hat und vielleicht nicht zurückfindet, fragen wir auch schon einmal: „Ich weiß, es gibt einen Zusammenhang zwischen dem, was Sie sagen, und dem Thema, das wir gerade diskutieren. Wo sehen Sie die Verbindung?"

Selbst wenn wir eher ruhig erscheinen, bedeutet für uns „nur dazustehen", dass wir die Bildung potenzieller Teilgruppen und ihren Einfluss auf die Arbeit aufmerksam verfolgen.

Vier zentrale Verfahren für die Arbeit mit Teilgruppen

Wenn die Teilnehmenden etwas sagen oder tun, das die Spannungen in der Gruppe sichtlich erhöht, wenn Fragmentierung und Spaltung, Streit oder Verweigerung hörbar in der Luft liegen, sind wir in höchster Alarmbereitschaft. Jetzt müssen wir bereit sein zu handeln. Dafür haben wir vier zentrale Verfahren entwickelt:

1. Stellen Sie die „Noch jemand...?" Frage

Diese ganz einfache Frage sollten Sie stellen, wenn jemand sich so emotional äußert, dass er Gefahr läuft, isoliert oder abgestempelt zu werden.

> Teilnehmender:
> „Jetzt haben wir uns geschlagene zwei
> Stunden damit rumgequält, und es nervt mich,
> dass nichts dabei rumgekommen ist!"

Wir beurteilen die Auswirkung solcher Aussagen danach, inwieweit sie die Spannungen in der Gruppe erhöhen. Manchmal werden sie von anderen angefochten, was wiederum zu einem Gegenschlag herausfordert. Es ist verlockend, die Kontrahenten einfach machen zu lassen, während der Rest zusieht und sich köstlich amüsiert. Die Arbeit bleibt allerdings meist auf der Strecke.

Sie können es besser machen. Weder Konfrontation noch die Suche nach „der Wahrheit" helfen jetzt weiter. Vielmehr müssen Sie die Spaltung der Gruppe abwenden, damit sie weiterarbeiten kann. Am besten gelingt das, wenn der Abweichler eine Teilgruppe erhält, auch wenn das nicht auf den ersten Blick einleuchtet. Anstatt als Ausgleich jemanden zu suchen, der nicht genervt ist, können Sie die Spaltung der Gruppe viel eher abwenden, wenn der frustrierte Teilnehmer einen Verbündeten findet.

Begleiter*in*:
„Noch jemand, der auch genervt ist?"

Wir gehen davon aus, dass eine oder mehrere Teilnehmende sich melden. Dann fragen wir sie, wie es ihnen ergangen ist, und hören von unterschiedlichen Dingen, die gestört haben. Die sich geäußert haben, sehen, dass sie nicht alleinstehen. Frust kommt vor und es ist in Ordnung, ihn rauszulassen. Streit und Krach werden vermieden. Jeder weiß jetzt mehr darüber, wo die anderen stehen. Die Gruppe arbeitet weiter.

Manchmal jedoch ignoriert die Gruppe den Abweichler und redet über andere Dinge. Spannungen hängen wie Nebel in der Luft.

Begleiter*in* (erkennt die nicht verarbeiteten Gefühle):
„Ich möchte noch einmal darauf zurückkommen,
was George vor einigen Minuten gesagt hat.
Noch jemand, der genervt ist?"

Wir halten inne. Wir schauen uns um. Wir wiederholen die Frage wenn nötig. Wir schauen, ob jemand nickt.

Begleiter*in* (zu den Nickenden):
„Wie ist es Ihnen ergangen?"

Jemand spricht über seine Erfahrung. Vielleicht schaltet sich ein weiterer Teilnehmer ein. Jetzt arbeitet die Gruppe wieder. Was zu einem Streit hätte ausarten können, wird zu einem Dialog über eine zentrale Frage – in welchem Maße die Arbeitsweise die Teilnehmenden frustriert. Der seine Gefühle geäußert hat, wird mit seiner Wahrnehmung ernstgenommen.

Bei dem Treffen „Aus der Sozialhilfe in feste Arbeitsverhältnisse“ ließen wir die Auseinandersetzung zwischen dem Arbeitgeber und der wütenden Mutter noch etwas weiterlaufen, während die Spannungen im Raum zunahmen. Bevor der Streit aber völlig aus dem Ruder lief, griffen wir ein, um die Widersacher in dieselbe Teilgruppe zu holen, und fragten: „Noch jemand, den dieses Thema umtreibt?“ In allen Interessengruppen gingen die Hände hoch. Mehrere Personen trugen ihre Gedanken vor und vergrößerten so die Teilgruppe. Dies ebnete den Weg für den Arbeitgeber, der dann mehr über das Leben von Müttern in Sozialhilfe wissen wollte.

Die neue Teilgruppe bewahrte den Arbeitgeber und die Mutter davor, zu Sündenböcken zu werden. Wir unterstützten die Gruppe, Frustration zu akzeptieren, anstatt daraus noch mehr Aggression werden zu lassen.

Regeln für die „Noch jemand…?“ Frage

1. Achten Sie darauf, wie stark die Gefühle sind und was sich in der Gruppe tut. Bei vielen Beiträgen muss gar nicht reagiert werden. Oft geht es nur darum, etwas loszuwerden, und die anderen Teilnehmenden akzeptieren das als Teil des Dialogs.
2. Wiederholen Sie den Inhalt einer Aussage nur, wenn nicht die Gefahr besteht, dass er einen persönlichen Angriff oder eine polarisierende Auseinandersetzung auslöst.

   Teilnehmer*in*:
   „Mir ist nicht klar, was hier gerade vor sich geht.“

   Begleiter*in*:
   „Noch jemand, dem es nicht klar ist?“
   (nicht „Lassen Sie mich es Ihnen erklären.“)

3. Erwähnen Sie nur das *Gefühl* hinter der Aussage, wenn das Anliegen die Gruppe spalten könnte. Mit anderen Worten,

eröffnen Sie eine Teilgruppe für das Gefühl, sodass alle Gefühle zulässig bleiben.

Teilnehmer*in*:
„Es macht mich krank, dass Geschäfte machen über alles gestellt wird.“

Begleiter*in*:
„Noch jemand, den etwas krank macht – egal was?“

Informelle Teilgruppen tauchen einfach auf

Informelle Teilgruppen lassen sich nicht erahnen. Wir entdecken sie im Laufe eines Treffens. Es braucht nur einen Verbündeten, um daraus eine funktionale Teilgruppe zu bilden und so das Recht auf eine eigene Meinung zu bestätigen – und die Arbeit an der Aufgabe geht weiter. Wenn den Anwesenden klar wird, dass es für jedes ihnen wichtige Anliegen eine Teilgruppe gibt, beteiligen sie sich eher an dem Austausch und schaffen sich ein vollständigeres Bild des Ganzen. „Noch jemand...?“ zu fragen kommt einer Gewohnheit zuvor, der wir oft begegnen. Wenn jemand sagt: „Ich bin sicher der einzige, der so denkt, aber...“, oder: „Ich weiß, ich spreche für viele andere, wenn ich sage...“, bitten wir den Sprecher, die Gruppe zu fragen, ob es „noch jemanden gibt“, dem es genauso geht.

Wir stellen diese Frage nicht so oft, wie es den Anschein haben könnte. Auch wenn ein Treffen über zwei oder drei Tage geht, kommt sie höchstens ein- oder zweimal vor. Vermutlich liegt es daran, dass wir von Anfang an die Erfahrungen jedes Teilnehmenden für zulässig erklären. Bei unseren strategischen Planungstreffen dienen z.B. die Zeitleisten im dritten Leitsatz (Den Ganzen Elefanten untersuchen) diesem Zweck. Sind alle in den Gesamtzusammenhang einbezogen, meistern die Gruppen in der Regel alles, was auf sie zukommt, ohne sich der Aufgabe zu entziehen oder einen Streit anzuzetteln. Wenn Gruppen die positive Wirkung der Zugehörigkeit zu einer Teilgruppe entdecken, werden einige Teilnehmende ganz selbstverständlich fragen, ob es noch jemandem so geht wie ihnen.

Wenn Sie nicht leiten und selbst Teilnehmer*in* in einer Gruppe sind, und das Gefühl haben, Sie stehen mit Ihrer Sichtweise alleine da, können Sie auch einfach fragen: „Noch jemand...?" Das ist die beste Methode, die Wirklichkeit zu überprüfen. Sie bleiben mit der Gruppe verbunden, indem Sie Ihre eigene Teilgruppe sichtbar machen.

Angenommen, niemand schließt sich an

In unseren Fortbildungsseminaren werden wir immer gefragt: „Angenommen, niemand schließt sich der abweichenden Haltung an?" – Nun, das kommt vor. Vielleicht alle ein oder zwei Jahre bleibt es still, wenn einer von uns fragt: „Noch jemand...?"

> Teilnehmer*in*:
> „Das war eine große Zeitverschwendung für mich."
>
> Begleiter:
> „Noch jemand, der das Gefühl hat, seine Zeit verschwendet zu haben?"

Alle schweigen.

In diesem Fall prüfen wir, *ob* wir uns der Person anschließen können, die sich so weit vorgewagt hat. Wir können bis zu 20 Sekunden warten, nachdem wir gefragt haben – was länger als eine Ewigkeit erscheint. Wenn niemand reagiert, bauen sich Spannungen in der Gruppe auf, während wir in unserem Erfahrungsschatz suchen, wie wir am besten darauf eingehen können.

Begleiter*in*:
„Es gab für mich auch Augenblicke, in denen ich dachte, ich verschwende meine Zeit.“

Angenommen, wir können uns nicht anschließen, weil es aus unserer Sicht ein großartiges Treffen war.

Begleiter*in*:
„Es scheint, Sie sind der Einzige in diesem Moment. Können Sie trotzdem weitermachen?“

2. Setzen Sie Dialog in den Teilgruppen ein, um das Polarisieren zu unterbrechen

Die „Noch jemand...?“ Frage ist nicht immer der Weisheit letzter Schluss. Gelegentlich beziehen Teilnehmende deutliche Positionen zu widerstreitenden Überzeugungen, Problembeschreibungen, Lösungs- oder Entscheidungsvarianten, die ihre Quelle nicht in Vorurteilen haben. Trotzdem droht ihr Konflikt sie völlig von der Aufgabe abzulenken. Dann setzen wir unser zweites Verfahren ein, um sie aus ihrer Lähmung zu befreien. Sie sollen sich beide Seiten des Konfliktes ansehen – aber nicht so, wie Sie es sich vielleicht vorstellen.

Anstatt einen Dialog zwischen den entzweiten Teilgruppen zu organisieren, unterbrechen wir den Prozess und bitten die Mitglieder der Teilgruppe A und der Teilgruppe B, sich zusammenzusetzen. Dann ermutigen wir die Mitglieder der Teilgruppe A, *sich untereinander auszutauschen*, während Teilgruppe B zuhört. Nachdem alle aus der Teilgruppe A zu Wort gekommen sind, bitten wir die Teilgruppe B, dasselbe zu tun, während ihnen jetzt die As zuhören.

Der Grund für diese Vorgehensweise erschließt sich nicht ohne weiteres. Wenn Menschen sich mit „ihresgleichen“ darüber austauschen, was sie glauben und warum, entdecken sie fast immer Unterschiede, die sie bis jetzt nicht gesehen hatten; ein Spektrum verschiedener Blickwinkel innerhalb von Teilgruppe A (ähnlich wie Mitglieder einer politischen Partei aus unterschiedlichen Gründen für dieselbe Sache stimmen). Oft ist das eine Überraschung für beide Teilgruppen. Darüber hinaus entdecken die Zuhörer in der anderen Teilgruppe fast immer Positionen, die den ihren ähneln, was ihnen bisher entgangen war.

Wir können also Yvonne Agazarians Ansicht bestätigen, dass innerhalb offensichtlicher Ähnlichkeiten immer Unterschiede existieren, und innerhalb offensichtlicher Unterschiede immer Ähnlichkeiten sichtbar werden. Wenn die Teilnehmenden diese feineren Unterscheidungen treffen, entwickeln sie ein tieferes Verständnis dafür, was für sie wichtig ist und was nicht. Sie erleben ein abgestuftes Meinungsspektrum, anstatt das Schwarz-Weiß entgegengesetzter Pole. Die Bildung von starken Mustern und Übertragungen wird erst einmal ausgesetzt, und die Arbeit an ihrer Aufgabe geht weiter.

Aufgliederung ermöglicht Zusammenfügung. „Sowohl als auch“ ersetzt das „Entweder/oder“ als die unausgesprochene Gruppenannahme.

– Beispiel –

Von „entweder/oder“ zu „sowohl als auch“

Bei einem Treffen hatten die Teilnehmenden sehr unterschiedliche Meinungen zu den Grundlagen effektiver Unternehmensentscheidungen. Eine Frau vertrat lautstark die Ansicht, Entscheidungen müssten auf Tatsachen beruhen. Ein Vizepräsident erklärte zögernd, dass bei seinen Entscheidungen oft Intuition und Gefühle eine Rolle spielten. Das überraschte seine Vorrednerin, und hitzig bestand sie auf der vorrangigen Bedeutung von Fakten. Wir baten sie, nachzufragen, ob noch jemand ihrer Ansicht sei. Mehrere Teilnehmende hoben die Hand. Dann fragten wir, wer auch Gefühle und Intuition bei der Entscheidungsfindung berücksichtigen würde. Wieder meldeten sich einige aus der Gruppe.

Zwei Teilgruppen wurden sichtbar. Wir baten jede Teilgruppe, ihre Gedanken und Gefühle untereinander näher anzuschauen, während die jeweils andere Teilgruppe zuhörte. Die Mitglieder jeder Gruppe entdeckten bald Unterschiede in ihren vermeintlichen Gemeinsamkeiten. Eine Frau gab zu, dass es ihr schwerfiel, Gefühle und Intuition aus ihren Entscheidungen herauszuhalten, die sich auf Fakten stützen sollten. Ein Mann aus der anderen Teilgruppe sagte: „Natürlich achte ich auf Tatsachen, und ich beziehe gleichzeitig auch Informationen ein, die nicht auf harten Fakten beruhen."

Die Teilgruppen fügten ihre Ansichten zusammen, indem sie die anderen Sichtweisen durch das hier dargestellte Verfahren besser kennenlernen und anerkennen konnten.

Manche waren im Nachhinein erstaunt, dass es ohne Streit abging. Tatsächlich hatten die Teilnehmenden eine größere dritte Teilgruppe geschaffen, deren Mitglieder akzeptierten, dass es sich hier um einen „Sowohl als auch" Fall handelte.

Der ganze Austausch dauerte weniger als 10 Minuten.

3. Halten Sie Ausschau nach der vereinigenden Aussage

Woran erkennen Sie, wann eine Gruppe den nächsten Schritt machen will? Ein Anhaltspunkt ist, wenn Teilnehmende beginnen, frühere Aussagen in anderer Form zu wiederholen. Das deutet darauf hin, dass ein Spektrum von Ansichten im Umlauf ist. Niemand hat noch etwas hinzuzufügen. Ein noch zuverlässigeres Zeichen dafür, dass der nächste Schritt bevorsteht, ist eine „vereinigende Aussage". Polarisierte Gruppen bleiben oft in spannungsgeladenen „Entweder/oder" Gesprächen hängen. Eine vereinigende Aussage hat die Form einer „Sowohl als auch" Bemerkung, die den Wert beider Pole anerkennt. Wenn der Dialog genug Raum zur Entfaltung hat, wird ein Mitglied der Gruppe fast immer eine solche Aussage machen – von ganz alleine.

– Beispiel –

Ein uralter Konflikt – Umweltschutz oder Jobs?

Fast zwei Tage lang hatten Bürger eines wirtschaftlich schwachen Landkreises im Nordosten der USA Ideen zur Verbesserung ihrer Lage ausgetauscht. Als sie anfingen, Handlungsfelder zu suchen, in denen Übereinstimmung herrschte, erhob sich ein Unternehmer, der neue Bebauungen plante: „Ihr Leute", sagte er zu einem Naturschützer, „stellt Euch jedem Projekt in den Weg, das wir anschieben wollen. Solange Ihr den Fortschritt aufhaltet, werden wir keine anständigen Jobs haben."

Bob Woodruff und Bonnie Olson, die Begleiter, spürten, wie die Anspannung bei ihnen und in der Gruppe wuchs. „Mehrere Teilnehmende schauten uns an, als wollten sie sagen: Wollt Ihr nicht etwas tun?", erinnerte sich Bonnie. Die beiden hatten sich auferlegt „einfach nur dazustehen". Im Raum herrschte peinliches Schweigen. Nach einigen Sekunden stand ein anderer Unternehmer auf und zeigte auf einen Wunsch an der Wand, auf den sich alle geeinigt hatten: Eine schonende Entwicklung, die unsere natürlichen Ressourcen schützt.

„Wir alle verlassen uns auf unsere schöne Umwelt", sagte er, „und wir alle hier wollen gute Jobs in der Region."

Es bestand keine Notwendigkeit, die „Noch jemand…?" Frage zu stellen. Die Atmosphäre veränderte sich, als mehrere Personen die Hand hoben, um die „Sowohl als auch" Aussage zu erweitern oder zu bestätigen. Die angespannte Stimmung verflog. „Die vereinigende Aussage hatte den Konflikt aufgelöst", sagte Bonnie, „und sie kam von einem der anderen Unternehmer. Bob und ich atmeten auf."

Glücklicherweise gibt es in Gruppen viele „Vereiniger", die ein Segen für die Zusammenarbeit sind. Und wenn es überhaupt nicht weitergeht, können wir im Notfall immer noch das Offensichtliche aufzeigen: „Wir hören zwei Sichtweisen, A und B. Was möchten Sie damit machen?" Wenn alle Stricke reißen, fragen wir die Gruppe, was sie tun will.

4. Bewegen Sie alle, ihre Positionen aufzugliedern

Ganz gleich, was sonst noch geschieht bei einem Treffen: Wir sind uns immer bewusst, dass die Menschen sich nur in dem Maße zusammenfügen können, wie sie vorher ihre unterschiedlichen Anliegen und Sichtweisen öffentlich gemacht haben. Sie müssen wissen, mit wem sie es zu tun haben und was jeder für Einstellungen mitbringt. Andernfalls können die vermeintlichen Vereinbarungen oberflächlich und flüchtig getroffen sein und werden wahrscheinlich nicht lange halten.

Wir begleiten nie ein interaktives Treffen, ohne dass alle die Möglichkeit haben, etwas von sich zu erzählen, und beginnen fast immer mit einer Vorstellungsrunde. Wir fragen nach Namen, Beruf und den Interessen, die sie hergeführt haben, nach ihren Erwartungen, oder danach, wie sie das Ziel der Veranstaltung verstehen. In größeren Gruppen (mehr als 50-60 Personen) können mehrere kleine Gruppen gleichzeitig eine Vorstellungsrunde halten.

Dieses Verfahren bietet auch einen verlässlichen Schutz, wenn Unsicherheit herrscht, was als Nächstes zu tun ist. Wir setzen Dialogrunden immer dann ein, wenn wir feststecken. Dafür unterbrechen wir einfach die Arbeit der Gruppe und sagen: „Wir möchten jetzt von jedem, der sich äußern möchte, einen Satz zu der Frage hören: Wie empfinden Sie (was denken Sie über) die Situation, in der wir gerade sind? Danach werden wir entscheiden, wie es weitergeht." Fast immer fördert diese Aufgliederung Informationen zutage, die uns allen Möglichkeiten eröffnen, die einige Minuten zuvor noch nicht sichtbar waren.

Zusammenfassung

Durch die Einladung, sich Teilgruppen zuzuordnen, können sich Teilnehmende mit anderen auf der Grundlage ähnlicher Erfahrungen, Gefühle oder Ansichten verbünden. Die Gesamtgruppe wird solange weiterarbeiten, wie kein Mitglied ausgegrenzt wird. Um Streit oder Verweigerung zu verhindern, müssen Sie ihnen helfen, die Unterschiede untereinander als funktional und nicht stigmatisierend zu begreifen. Wir tun dies, indem wir die Bildung von Teilgruppen unterstützen, wenn sich die Suche nach Sündenböcken oder die Spaltung der Gruppe anbahnt. Bei Konflikten können Sie noch weitergehen und zeitlich begrenzte Teilgruppen bilden, in denen sich Teilnehmende zu ihren Ansichten austauschen. Meistens werden sich diese Teilgruppen wieder auflösen, um an der gemeinsamen Aufgabe weiterzuarbeiten, wenn sie eine Bandbreite an Ansichten kennengelernt haben, die ihre eigenen enthalten und unterstützen und damit der Konfrontation den Boden entziehen.

Empfehlungen für Ihr nächstes Treffen

- Achten Sie auf Aussagen, bei denen Sie sich wünschten, der Teilnehmer hätte nichts gesagt oder sich anders ausgedrückt. Entscheiden Sie, ob Sie für diese Person einen Verbündeten finden wollen, der seine Ansichten oder Gefühle teilt (siehe Seite 132 „1. Stellen Sie die „Noch jemand…?“ Frage“).

- Wenn Sie eine Gruppe begleiten, die stark polarisiert ist, unterbrechen Sie die Arbeit und setzen Sie Dialog in den Teilgruppen ein (siehe Seite 137 „2. Setzen Sie Dialog in den Teilgruppen ein, um das Polarisieren zu unterbrechen“) Reicht das aus, um weiterzumachen?

- Beginnen Sie ein Treffen mit einer Einführungsrunde. Bitten Sie die Teilnehmenden etwas zu ihrem Verständnis der Arbeit zu sagen, für die sie hierher gekommen sind.
- Wenn die Gruppe sich festgefahren hat, führen Sie eine Dialogrunde durch, um Klarheit zu schaffen, wie der nächste Schritt aussehen soll. Wird der nächste Schritt dadurch erkennbar?

II Mich leiten

7. Ich freunde mich mit Ängsten an
8. Ich werde mir der Übertragungen bewusst
9. Ich lerne, eine verlässliche Autorität zu sein
10. Ich lerne NEIN sagen, damit mein JA mehr bedeutet

Wir können andere Menschen nicht ändern, uns selbst schon. Um Gruppen zu leiten und zu begleiten, ist die Arbeit an uns unerlässlich. Dafür haben wir immer diese vier Leitsätze im Gepäck.

Sie haben uns gute Dienste geleistet,

- um Angst als natürlichen und unvermeidlichen Weggefährten zu akzeptieren, wenn Ziele anspruchsvoll, Anliegen kompliziert, Erwartungen unterschiedlich und Lösungen ungewiss sind (Siebter Leitsatz);
- um den Einfluss von Übertragungen auf unser eigenes Verhalten und wie andere auf uns reagieren, bewusst wahrzunehmen (Achter Leitsatz);
- um „gute" und „schlechte" Übertragungen auf uns als unvermeidbar zu akzeptieren und unsere Kompetenz durch die Auseinandersetzung mit dieser Wirklichkeit weiterzuentwickeln (Neunter Leitsatz);
- um immer dann Nein zu sagen, wenn wir in einer unhaltbaren Situation sind (Zehnter Leitsatz).

Wenn Sie Ihre Fähigkeiten als Begleiter*in* verbessern wollen, ergreifen Sie die Gelegenheit, einige Eigenschaften an sich zu entdecken, die Sie in Ihrer Entwicklung weiterbringen werden.

Siebter Leitsatz
Ich freunde mich mit Ängsten an

Nothing in the affairs of men
is worthy of great anxiety.

Plato

Im Siebten Leitsatz geht es um zwei miteinander verknüpfte Betrachtungen zum Umgang mit Ängsten... Zwillinge, die Ihnen beim Leiten von Treffen eine große Hilfe sein können. Zum einen geht es darum, wie Ängste zu Ihren besten Freunden werden können... Vorbote ganz unerwarteter kreativer Durchbrüche.

Zum anderen gewähren Ängste Einblicke in die eigene Entwicklung. Wir haben bei anspruchsvollen Treffen viel über den Umgang mit unseren Fantasien und Ängsten gelernt. Sie können viel besser leiten, wenn Sie Unordnung, Mehrdeutigkeit und Spannungen stärker tolerieren. Häufig brauchen Sie gar nicht zu wissen, warum Sie Angst haben; es reicht aus, dass Sie sich ihrer bewusst sind.

Wenn ein Treffen aus dem Ruder läuft, kann das Verlangen, sich zurückzuziehen oder sofort alles in Ordnung zu bringen, unwiderstehlich sein. Geraten Sie nicht in Panik! Gerade wenn Ihre Ängste Sie gepackt haben, tun Sie einfach Nichts! Wenn Sie nur ein kleines bisschen länger warten, haben die Teilnehmenden Gelegenheit, die Dinge klarer zu sehen und selbst eine neue Richtung einzuschlagen.

Wenn Sie Treffen leiten, begegnen Sie vielen Ängsten, Ihren eigenen und denen der anderen. Jemand macht etwas so Ungeheuerliches, dass die Anspannung schier unerträglich wird. Ein Schauer läuft Ihnen über den Rücken, dringt in den Magen vor und schnürt Ihnen die Kehle zu. Im Raum ist es so still, dass man eine Stecknadel fallen hören könnte. Alle erwarten von Ihnen, dass Sie die Situation retten. Egal was Sie tun: Es wird immer einen Experten im Raum geben, der nur darauf wartet Ihnen zu sagen, was Sie hätten besser machen können. Und der Lauteste wird bald darauf bestehen, dass die Versammelten für *so etwas* nicht hergekommen seien. Die sich am unwohlsten fühlen, hoffen auf das Allheilmittel Kaffee und wünschen sich nichts sehnlicher als eine Pause.

Es muss doch etwas geben, denken Sie, das alles wieder ins Lot bringt. Gruppen erwarten von Ihnen, dass Sie ein begeisternder Leiter, ein zupackender Manager und unterstützender Begleiter sind. Die Menschen übertragen ihre Fantasien auf Sie – von Eltern, Lehrern, Chefs, Polizisten und Hochstaplern. Wenn Sie die Leitung innehaben, dann müssen Sie auch wissen, was zu tun ist, so ihre Logik.

Was von all dem erwarten Sie selbst von sich? Und wie viele Ihrer eigenen Erwartungen gründen auf den Erwartungen, die Sie bei den anderen vermuten? Wie können Sie lernen, alle Ihre Gefühle zu akzeptieren und gleichzeitig konstruktiv weitermachen? Wie lernen Sie die eigenen Ängste in angespannten Situationen zu verringern?

Dieses Kapitel wird Ihnen helfen, alle diese Fragen zu beantworten. Wenn Sie den ängstlichen Teil von sich nicht umgehen können, warum dann diese Gefühle nicht für Ihre Arbeit nutzen? Gelingt Ihnen das, werden die Gruppen, die Sie leiten, selbst mehr tun und Sie weniger. Sie befreien sich von einer langen Liste von „Ich müsste“, „Ich sollte“ und „zu erledigen“ Dingen, die Ihnen Ihre Energie rauben, Stress erzeugen, mit denen Sie sich verrennen und andere ausbremsen.

Lassen Sie die Ängste für Sie arbeiten

Besuchen Sie die „Vier Räume der Veränderung“

Vielleicht ist unser Verständnis von Ängsten am einfachsten nachvollziehbar, wenn Sie uns in unserem bevorzugten virtuellen Heim besuchen, in den „Vier Räumen der Veränderung“, die der schwedische Sozialpsychologe Claes Janssen in den 70er Jahren entworfen hat. Er hinterließ ein Modell der menschlichen Entwicklung, mit dem Sie Ihre eigenen Erfahrungen reflektieren können.

Seit Jahrzehnten stellen wir dieses Modell zu Beginn interaktiver Treffen vor. Die Ängste der Teilnehmenden verringern sich, wenn sie erfahren, dass wir auch nicht wissen, wie wir Ängste vermeiden können, und sie außerdem für einen wichtigen Begleiter auf dem Weg zu zielgerichtetem Handeln halten. Darüber hinaus hilft uns das Modell von Janssen, mit unseren eigenen Ängsten umzugehen. Im Laufe der Zeit haben wir jeden der vier Räume schätzen gelernt.

Zunächst beschreiben wir, wie wir selbst diese Räume erleben, und dann, wie Sie dieses Modell in Treffen vorstellen können.

Wir beginnen im Raum der Zufriedenheit, wo alles schön ist und die Welt in Ordnung. Wir sitzen bei sanftem Licht auf bequemen Sesseln und hören unsere Lieblingsmusik. Warum sollten wir etwas ändern? Pause… Atmen Sie tief durch… Entspannen Sie sich…

Auf einmal passiert etwas Unerwartetes. Ein Unwetter, ein Erdbeben. Die Musik wird von einer Sondermeldung unterbrochen: Feuersbrunst und Flutwellen kommen auf uns zu. Wir werden von Nachrichten überschwemmt, die wir lieber nicht hören würden, erdrückt von Informationen, die wir nicht verarbeiten können. Wir suchen Zuflucht. Und der kürzeste Weg führt durch die Tür, auf der „Verleugnung" steht.

Im Raum der Verleugnung sacken wir in uns zusammen und verharren auf einer harten Holzbank, die in einer dunklen Ecke steht. Es gibt keine Fenster, die Luft ist schwül und kaum zu atmen. Wir unterdrücken unsere Gefühle und lächeln mit zusammengepressten Lippen. Im Inneren wissen wir, dass *nichts* mehr in Ordnung ist. Doch es ist besser, es nicht zu wissen. Also verhalten wir uns so, als wäre gar nichts geschehen.

Langsam wächst der Widerstand, und tief vergrabene Anteile von uns melden sich. Wir mögen diesen Ort nicht, wir ärgern uns, dass wir hier hineingeraten sind. Furcht, Besorgnis, Erregung überfallen uns, und über allem das Gefühl – nichts wie raus hier!

Wir schauen uns um und stellen plötzlich fest, dass wir in unserer Erregung den Raum der Verleugnung verlassen haben, durch die Tür, auf der „Verwirrung" steht. Ängste sind das Dekor dieses Raumes. Grelles Licht blitzt in allen Farben des Spektrums. Musik, mal kaum zum Aushalten laut, mal unhörbar leise spielt, bricht ab, spielt, bricht ab… Die Wände sind von Textfragmenten überzogen, die wir nicht entschlüsseln können.

Wir suchen einen Ausweg, doch welcher Weg ist der richtige? Es gibt mehrere Türen. Um uns für eine entscheiden zu können, müssen wir den chaotischen Bildern, die durch unseren Kopf wirbeln, unsere Sinne täuschen und unseren Körper gefangen halten, einen Sinn geben. Und doch, anders als im Raum der Verleugnung, gibt es auf einmal eine Menge Dinge, die uns helfen. Wir sind uns bewusst, dass wir hier rauswollen. Wir wissen, dass wir frustriert sind. Auf der Suche nach Klarheit erkennen wir neue Zusammenhänge und Möglichkeiten, auf die wir bis jetzt nie gekommen wären.

Schritt für Schritt öffnen sich – ohne unser Zutun – mehrere Türen zum Raum der Erneuerung. Auf einmal wird alles möglich. Wir entscheiden uns für eine Tür und stehen in strahlendem Sonnenschein und frischer Luft, eine belebende Brise umfächelt uns. Vor unseren Augen öffnet sich eine weite Landschaft voller Projekte und einzigartiger Dinge, von denen wir nie gedacht hätten, dass sie etwas mit uns zu tun haben.

Im Raum der Erneuerung scheint alles möglich. – Aber halt! Stimmt das auch? Wir müssen eine Wahl treffen: In die Stadt oder in die Natur, in die Berge oder ans Meer? Wir können nicht an zwei Orten gleichzeitig sein. Also entscheiden wir uns für den Weg, der uns am meisten anzieht, und wenden allem anderen den Rücken zu. Im Handumdrehen sind wir in den Raum der Zufriedenheit zurückgekehrt, allerdings mit einem neuen Verständnis davon, was wir erreichen wollen.

Vielleicht ist der Raum der Zufriedenheit der angenehmste und produktivste Ort von allen. Bengt Lindstrom, der seit Jahren mit diesem Modell arbeitet, meint: „Im Raum der Zufriedenheit ernten wir, was wir im Raum der Erneuerung gesät haben. Wir sollten die Jahreszeiten der Erneuerung und Zufriedenheit möglichst lange ausdehnen. Wir können Verleugnung und Verwirrung nicht verhindern, aber wir können ihnen mit weniger Angst begegnen... auch im Wissen, dass sie für den Weg zur Erneuerung und Zufriedenheit unverzichtbar und notwendend sind."

Nutzen Sie das Modell der Vier Räume für Ihre Arbeit

Wenn wir die Gruppe mit diesem Modell darauf vorbereiten, dass es wahrscheinlich nicht die ganze Zeit reibungslos laufen wird, hilft uns das auch im Umgang mit unseren eigenen Ängsten. Wir erzählen eine Kurzfassung unserer Geschichte, um zu zeigen, was in den Räumen erwartet werden kann.

Im Raum der Zufriedenheit sind wir glücklich mit dem, was wir haben, und müssen nichts ändern. Aber man weiß nie, was geschieht. Wenn uns turbulente Ereignisse überrollen oder wir

Informationen erhalten, auf die wir lieber verzichtet hätten, ist es ganz normal, in den Raum der Verleugnung zu wechseln. Diese Station gehört zum Leben, aber wir sollten dort nicht Dauergast werden. Sobald wir uns eingestehen, dass wir diesen Ort nicht mögen, wechseln wir in den Raum der Verwirrung. Hier herrscht Unsicherheit und große Angst. Wir wollen auf keinen Fall bleiben. Wir stemmen uns gegen die Unordnung und unsere Verwirrung und entdecken dabei Strukturen, die uns vorher verborgen waren. Während wir an kreativen Lösungen arbeiten, wechseln wir in den Raum der Erneuerung.

Wir machen die Teilnehmenden darauf aufmerksam, dass sie während der Veranstaltung zu jedem Zeitpunkt in irgendeinem der vier Räume sein können. Wir haben Gruppen erlebt, die sich zügig von Raum zu Raum bewegten, während sie eine Flut von Informationen verarbeiteten. Es überrascht uns aber auch nicht, wenn Gruppen längere Zeit in den Räumen der Verleugnung und Verwirrung bleiben, bevor sie in die Räume der Erneuerung und Zufriedenheit gelangen.

Wir sind auch nicht schockiert, wenn – in seltenen Fällen – Teilnehmende scheinbar eine Ewigkeit an einem Ort verharren. Wir sagen deutlich, dass wir nicht vorhersagen, was Menschen tun werden, und auch nicht fordern, dass sie überhaupt etwas tun. Wir beschreiben nur, was passieren könnte. Wir wissen, dass viele am liebsten immer in den Räumen der Zufriedenheit oder Erneuerung bleiben möchten ... und wir als Leiter sollen das richten. Leider wissen wir nicht, wie das geht. Jeder Raum hat seine Berechtigung, solange Gruppen in ihnen erfolgreich arbeiten.

Wir haben immer wieder erlebt, wie sich Teilnehmer*innen* während einer Veranstaltung auf die Vier Räume bezogen, um ihre Gefühle verständlich zu machen, besonders wenn die Situation gerade schwierig war. Dieses Modell macht den Umgang mit den eigenen Ängsten leichter und hilft uns, ganz präsent zu sein.

Erleben Sie die Vorteile der Verwirrung

Unsere Erfahrungen aus mehreren Jahrzehnten sagen uns, dass der angsterfüllte Raum der Verwirrung die besten Voraussetzungen für Erneuerung bietet. Im Raum der Zufriedenheit muss niemand irgendetwas tun. Im Raum der Verleugnung will niemand etwas tun... dort sind alle vor Apathie und Mangel an Lebensenergie wie gelähmt. Aber aus dem Raum der Verwirrung möchte jeder sofort wieder raus. Das ist der Ort, wo Leitung wirklich etwas bewirken kann. Niemand mag Verwirrung, aber mitten in einem spannungsgeladenen Treffen ist dies gar kein so verkehrter Ort.

Warum betrachten wir es als hilfreich, an einem Ort zu sein, den niemand leiden kann, in einem Zustand, aus dem sich manche nur mit Drogen retten? Wir sprechen hier nicht von der unfokussierten, namenlosen Furcht, die viele von uns hin und wieder packt, und einige von uns ständig quält. Wir reden von den alltäglichen Treffen in einer komplexen Welt ständigen Wandels, in denen wir uns besorgt fragen, ob wir uns auf ein gemeinsames Ziel einigen können, gehört werden, das Problem lösen, die Entscheidung fällen, gemeinsam einen Plan entwerfen, kooperieren, voneinander lernen können – und trotzdem pünktlich zum Abendessen zu Hause sind.

Der Raum der Verwirrung hat viele Türen. Eine führt zurück in den Raum der Verleugnung, durch die anderen geht es vorwärts zu neuen Ufern. Unsere Ängste liefern die Energie für diese Reise.

Mit Ängsten umgehen – zehn einfache Tipps

Unser Werkzeug, um mit den Ängsten der Gruppe und den eigenen zu arbeiten, wiegt nicht schwer. Es erfordert kein spezielles Training. Aber Sie brauchen dafür Selbsterkenntnis, Geduld und die Fähigkeit, Ihre eigenen Gefühle zu beherrschen und sie nicht zur Grundlage Ihres Handelns zu machen. In kurzen Treffen von einem Tag oder wenigen Stunden kann eine Gruppe den Raum der Verwirrung in Minuten oder Stunden durchlaufen. Bei zwei- oder dreitägigen Veranstaltungen überrascht es uns nicht, wenn Gruppen für einen längeren Zeitabschnitt verwirrt sind. In Wirklichkeit ist es meist gar nicht so lange, aber es erscheint endlos, wenn Sie das Treffen leiten.

Alle unsere zehn Tipps zum Umgang mit Ängsten fußen auf der Überzeugung, dass eine Gruppe ihre durch das Treffen ausgelösten Ängste in Begeisterung verwandeln wird, wenn Sie nur geduldig bleiben.

1. Stellen Sie der Gruppe die „Vier Räume der Veränderung“ vor

Sie benötigen nur zwei oder drei Minuten, um das Modell vorzustellen. Wenn alle wissen, dass Sie alles und jeden anerkennen, ist die Wahrscheinlichkeit größer, dass auch die Teilnehmenden alles und jeden anerkennen. Wenn Sie deutlich machen, dass auch Sie nicht wissen, wie Sie Verleugnung und Verwirrung vermeiden können – mehr noch, dass Sie beides als normal betrachten, fällt es den Teilnehmenden leichter, es auch so zu sehen. Da Sie Verleugnung und Verwirrung für ganz normale Zustände halten, gibt’s weniger Anlass, sich darüber Sorgen zu machen.

2. Stehen Sie einfach da und... atmen Sie

Es ist ganz natürlich die Luft anzuhalten, wenn wir Angst haben. Das kann immer passieren, angesichts von Stress, schwierigen Menschen oder hartnäckigen Problemen. Wenn Sie die Luft anhalten, werden Ihre Handflächen feucht, Ihre Muskeln verspannen sich, und Sie fühlen sich unsicher oder Ihnen wird übel.

Atmen Sie zwei- bis dreimal tief durch, das lindert die Symptome. Vielleicht werden Sie noch heute eine Entscheidung treffen müssen, ohne zu wissen, was Sie tun sollen. Probieren Sie Folgendes aus.

- Stehen Sie einfach nur da und halten Sie Ihre Gefühle im Zaum.
- Nehmen Sie Ihre Anspannung wahr, Ihre Ängste, die Kontrolle zu verlieren und Ihren Impuls, die Dinge möglichst schnell zu regeln.
- Warten Sie ab. Schauen Sie sich um.
- Atmen Sie so viel Luft aus wie möglich.
- Atmen Sie ganz tief ein.
- Halten Sie für ein paar Sekunden die Luft an.
- Wiederholen Sie die einzelnen Schritte, bis jemand sagt, was gerade gesagt werden muss.

Versuchen Sie's. Sie werden überrascht sein, welche Auswirkungen es hat, Kohlendioxid in Ihren Lungen durch Sauerstoff zu ersetzen. Es ist die wunderbarste kostenlose Energiequelle unserer Erde. Tanken Sie voll, wenn Sie sich wieder mal ängstigen.

3. Überprüfen Sie Ihre negativen Prophezeiungen

Negative Prophezeiungen erzeugen oft Ängste. Es sind Gedanken darüber, was als Nächstes schiefgehen kann, nicht was wirklich ist. Sie sind in der Zukunft und denken: „Gleich geht hier alles den Bach runter... damit komme ich nicht durch... gleich werden sie mir die Schuld geben... ich werde versagen." Und dabei fühlen Sie sich so elend, als hätten sich Ihre Prophezeiungen bereits erfüllt. Obwohl sie nicht real sind, Ihre Gefühle sind es.

Was tun? – Überprüfen Sie zuerst Ihre eigenen Gedankengänge. Machen Sie gerade eine negative Prophezeiung? Wenn ja, nehmen Sie sich zurück: „Es ist noch nicht passiert!" Gruppenmitglieder können ähnliche Befürchtungen haben. Sie als Leiter wissen allerdings, dass die Situation sich klären wird, wenn Sie warten, ruhig nach außen und innerlich wachsam sind. Am besten Sie begegnen dieser Situation mit Neugier: „Was wird diese Gruppe tun?“ Denken Sie daran: Sie können immer eingreifen, die Richtung ändern oder mit der Gruppe eine Pause machen. Dreißig Sekunden zu warten verringert Ihre Möglichkeiten nicht. Sich kurz mit Ihren negativen Prophezeiungen zu beschäftigen, nimmt Ihnen eine Last von der Schulter, und die Gruppe wird es noch nicht einmal merken.

4. Verfolgen Sie Ihren inneren Dialog

Den Strömen unseres Bewusstseins zu folgen, während wir eine Veranstaltung begleiten, gleicht einer Erkundungsreise auf einem riesigen unterirdischen Fluss... ein Wunder, wie wir uns dort zurechtfinden. Es ist erstaunlich, wie oft wir versuchen Gedanken zu lesen und uns vorzustellen, welche Motive und Einstellungen die anderen haben.

„Was ist mit der Frau, die mit ihrem Blackberry unter dem Tisch arbeitet? Warum ist sie gekommen? Vielleicht will sie gar nicht hier sein. Ich könnte sie fragen. Aber vielleicht wäre ihr das peinlich. Vielleicht will niemand hier sein. Ich habe gehört, dass die Leute hier (aus diesem Bereich, dieser Industrie, dieser Altersgruppe) nicht viel Geduld haben. Sie wollen einfach schnell Ergebnisse. Ich werde sie niemals zufriedenstellen können. Was wollen sie wirklich? Wenn ich es wüsste, könnte ich ihre Ansprüche erfüllen?“

Unser innerer Dialog hört niemals auf. Wir machen uns Sorgen, dass wir zu schnell oder zu langsam vorgehen. Wir grübeln darüber nach, was die Teilnehmenden denken, die nichts sagen. Wir überlegen, ob wir zu viel oder zu wenig Informationen haben. Wir fragen uns, ob wirklich die *Richtigen* da sind, nach dem, was sie sagen und tun. Stellen Sie sich vor, die Gruppe könnte über einen Lautsprecher hören, was uns durch den Kopf geht, während wir das Treffen begleiten. Das würde sie außerordentlich amüsieren, und mit dem Arbeiten wäre es vorbei.

Selbstverständlich ist unser innerer Dialog nicht der einzige im Raum. Fügen Sie für jeden Teilnehmenden getrost einen weiteren hinzu. Das ist ganz normal.

Beherrschen Sie Ihre Ängste und achten Sie auf Ihren inneren Dialog. Betrachten Sie es als Teil Ihrer Arbeit. Reagieren Sie auf das, was sich im Raum tut, oder spielt sich alles nur in Ihrem Kopf ab? Wie sieht die Wirklichkeit aus?

5. Versuchen Sie es mal mit Nichts tun

In unseren Workshops für Begleiter laden wir manchmal die Teilnehmenden ein aufzustehen, ihre Augen zu schließen und sich dabei vorzustellen, sie würden jetzt eine Gruppe leiten. Wir bitten sie dann laut zu sagen: „Möchte jemand etwas hinzufügen?“
Die imaginäre Gruppe schweigt. Wir fordern die Teilnehmenden auf, ruhig stehenzubleiben, die Augen geschlossen zu halten und die Hand zu heben, wenn sie das Gefühl haben, sie müssten jetzt etwas sagen. Bei jedem Workshop geht ungefähr nach sechs Sekunden die erste Hand hoch. Innerhalb von 20 Sekunden hält ein Viertel der Teilnehmenden die Hände erhoben, und 90 Prozent der Leute tun es in der ersten Minute. Einige wenige bleiben stumm, bis ihnen die Beine ihren Dienst versagen. Wenn Sie zu dieser Gruppe gehören, können Sie diesen Tipp aus unserer Praxis überspringen.

Sollten Sie nicht dazugehören, hier eine Hausaufgabe für Ihr nächstes Treffen. Wenn eine Gruppe schweigt, halten Sie inne und achten Sie auf den Moment, wo Sie das Gefühl haben, jetzt müssten Sie etwas sagen. Könnten Sie noch 20, 30, 40 Sekunden oder sogar länger ruhig stehenbleiben? Kaum, 30 Sekunden sind eine Ewigkeit. Dieser Folter müssen Sie sich nicht aussetzen. Versuchen Sie einfach Nichts zu sagen, während Sie langsam bis zehn zählen. Es wird Ihnen wie eine Stunde vorkommen; das schadet der Gruppe nicht. Es könnte aber vielleicht einem Gruppenmitglied genug Raum geben, etwas zu sagen, das alles ändert.

Glücklicherweise kennt bei fast allen Treffen jemand den erlösenden Satz. Das werden Sie nur erleben, wenn Sie einmal lange genug warten, bis jemand etwas gesagt hat. Zuhören ohne zu handeln heißt die Tür offenhalten. Jedes Mal, wenn wir die Stille unterbrechen, nehmen wir jemandem die Chance, eine wertvolle Beobachtung beizusteuern. Wenn wir Stille als ein Problem behandeln, das gelöst werden muss, berauben wir andere der Möglichkeit, sich um sich selbst zu kümmern. Häufig braucht eine Gruppe nur eine Begleitung, die einfach Nichts tut, damit sie ihren Dialog wieder aufnehmen kann, überprüft, wo sie ist, und ihre Zusammenarbeit weiterführt.

6. Bringen Sie die Gruppe in Bewegung – Bewegung wirkt Wunder

Nichts baut Ängste besser ab als Bewegung. Wenn Leute drauf und dran sind, der Aufgabe auszuweichen, ist das genau der richtige Moment, sie einzuladen aufzustehen und – weiterzumachen. Bei großen Treffen suchen wir nach Möglichkeiten, den Teilnehmenden Bewegung zu verschaffen: Im Prozess bewegt sich die Gruppe, wenn sie sich in Kleingruppen aufteilt, ihre Flipcharts selbst aufhängt und Gespräche selbst leitet, mitschreibt und Ergebnisse präsentiert. Menschen bewegen sich, wenn sie eine Pause machen. Wir schlagen vor, dass jeder Pausen macht, wann immer er sie braucht.

Wenn ein Veranstaltungsort sich dafür eignet, fragen wir die Teilnehmenden, was sie von einer ausgedehnten Mittagspause halten, um spazierenzugehen, oder ob sie in der Nachmittagspause an die frische Luft wollen. Einige unserer Kollegen haben sehr gute Erfahrungen damit gemacht, Bewegung und Arbeit miteinander zu kombinieren. Sie schicken Zweiergruppen auf einen Spaziergang, um dabei ein aktuelles Anliegen der Gruppe zu besprechen.

7. Sprechen Sie aus, was gerade geschieht

Der berühmte Gestalttherapeut Frederick S. Perls unterbrach einmal seinen Vortrag nach mehreren provozierenden Kommentaren. Er sagte: „Im Augenblick kann ich mich nicht mehr mitteilen", und schwieg. Das Protokoll verzeichnet eine lange Pause, in der „verlegen gelacht" wurde. Perls (1957) wartete mehrere Sekunden und sagte dann: „Jetzt haben sie ein typisches kleines Stück aus der Gestalttherapie erlebt. Ich habe einfach ausgedrückt, was ich fühlte, und so war es mir möglich fortzufahren. Ich konnte wieder Kontakt zu Ihnen herstellen. Ich spürte ein warmes Lachen. Ich spürte, dass Sie in diesem Augenblick bei mir waren. So war es mir möglich, diese unangenehme Situation zu beenden, dieses kleine Unbehagen, das ich und vielleicht auch Sie spürten, als ich schwieg."

Wenn Sie etwas ansprechen, das offensichtlich ist, zeigen Sie sich. Sie tun etwas für sich. Wir benutzen dafür Sätze wie...

- Es gibt hierzu viele Meinungen. Haben wir alle gehört?
- Wir haben lange über dieses Thema geredet. Gibt es weitere Kommentare, oder können wir fortfahren?
- Ich weiß nicht, wie es Ihnen geht, aber ich könnte eine Pause gebrauchen.
- Es ist klar, diese Angelegenheit ruft starke Emotionen hervor.

- Mir ist unklar, was dieses Gespräch mit unserem Ziel zu tun hat.
- Im Augenblick habe ich nicht die leiseste Ahnung, was zu tun ist.

Warten Sie immer fünf bis zehn Sekunden auf eine Reaktion, nachdem Sie etwas angesprochen haben, das offensichtlich ist.

8. Beraten Sie sich mit der Gruppe

Hin und wieder leiten wir Gruppen, ohne zu wissen, was vor sich geht und wie es weitergehen soll. In solchen Fällen warten wir einfach. Fast immer gibt es jemanden, der weiß, was zu tun ist. Wenn niemand – auch wir nicht – den blassesten Schimmer hat, wie es weitergehen soll, setzen wir unser wirksamstes Werkzeug ein. Wir unterbrechen den Prozess und fragen die Teilnehmenden, was sie tun wollen. Zum Glück kommt es selten soweit. Aber es ist gut zu wissen, dass wir diese Möglichkeit haben. Probieren Sie es beim nächsten Mal selbst aus, wenn sich nichts mehr bewegt. Sagen Sie einfach nur: „Augenblick mal! – Wir müssen hier nicht weitermachen." Dann bitten Sie jeden Teilnehmenden sich dazu zu äußern, ob das Treffen fortgesetzt werden soll.

9. Wachsen Sie mit den Dingen, die Sie lieber ausblenden würden

In jedem Treffen sind wir darauf bedacht, unsere Toleranzgrenzen zu erweitern: Für Behauptungen, die wir nicht glauben, Ideen, die wir ablehnen, und Umgangsformen, die uns gruseln. Wir vergegenwärtigen uns unser inneres Tauziehen zwischen unseren und den Konzepten anderer im Hinblick auf richtig und falsch, Wahrheit und Unwahrheit, die Bedeutung der einfachsten Worte und den Informationsgehalt einer Aussage. Wenn wir an uns selbst denken, unsere eigene Anfälligkeit für die Versuchung, Annahmen über die Gedanken anderer Menschen zu bilden, in Schubladen zu denken, für Misstrauen und Ängste, fällt es uns leichter zu akzeptieren, dass dies für gewöhnlich die Voraussetzungen sind, mit denen Gruppen ihre Arbeit beginnen.

Je mehr wir lernen, mit Unsicherheit zu leben und neugierig zu bleiben auf das, was da kommt, desto besser sind wir in der Lage, die Anstrengungen einer Gruppe zu würdigen. Deswegen stemmen wir uns gegen die Versuchung, unsere Ängste in den Griff zu bekommen, indem wir reden, Fragen stellen, erklären, wiederholen oder gar das Thema wechseln. Genau das tun wir nicht!

Und wenn uns überhaupt nicht klar ist, was wir tun sollen, tun wir gar Nichts!

Je mehr wir lernen allen Sichtweisen zuzuhören, ohne darauf zu reagieren, um so leichter fällt es einer Gruppe, alle ihre gegensätzlichen Interessen zu äußern. Wir schulen uns darin, die Dinge in einer Aussage zu hören, mit denen wir übereinstimmen.
Wir versuchen, keine Grundsatzdiskussion über die Punkte in unserem Kopf anzuzetteln, denen wir nicht zustimmen. Je näher wir unserem Anspruch kommen, dass in jeder Aussage etwas Wertvolles steckt, desto leichter fällt es der Gruppe, das Gleiche zu tun.

10. Gehen Sie mit einer klaren Haltung zu Ihren Treffen

Vor jedem Treffen führen wir uns vor Augen, dass unser Beitrag wichtig ist. Das unterstützt uns im Umgang mit unseren eigenen Ängsten. Wir glauben, dass wir in jedem Treffen unsere Werte leben und fragen uns, welch höheren Zwecken unsere Anwesenheit dient?

Wir müssen die Ziele der Veranstaltung verstehen, um unsere Arbeit danach ausrichten zu können. Nur wenn wir uns über die

Ziele im Klaren sind, wissen wir, wann in dem komplexen Ablauf unser aktives Handeln erforderlich ist, und wann wir einfach Nichts tun.

Larry Dressler bereitet sich so vor: „Vor jedem Treffen überlege ich mir in Ruhe, was ich zu diesem Treffen beitragen kann. Was sind meine Grundsätze, von denen ich keine Abstriche mache? Wenn ich mir darüber im Klaren bin, ist das eine gute Orientierung, wenn ich inmitten von Ängsten, Konflikten und Verwirrung stehe."

Unsere Kollegin Grace Potts hat nach einigen besonders schwierigen Situationen ihre Erfahrungen mit Ängsten bei Treffen als Leitfaden für sich selbst zusammengefasst:

- Der Prozess ist wichtiger als der Inhalt.
- Lass dich nicht durch Panikattacken in letzter Minute ablenken.

  „Ich war von Störenfrieden so in Panik versetzt worden, dass ich einen Fehler im Zeitplan übersah. Es war keine Zeit eingeplant, in der die Kleingruppen wieder in die Gesamtgruppe zurückkehren konnten. Am Ende musste ich eine Pause opfern und ziemlich verhandeln, damit wir pünktlich Schluss machen konnten und trotzdem alles geschafft hatten."
- Wiederhole die Ziele! Wiederhole die Ziele! Wiederhole die Ziele!
- Wiederhole die Spielregeln! Wiederhole die Spielregeln! Wiederhole die Spielregeln!
- Du hast rein gar nichts unter Kontrolle.

Zusammenfassung

Akzeptieren Sie Ängste als unverzichtbare Reisegefährten, wenn die Hürden hoch und die Anliegen kompliziert sind, unterschiedliche Wahrnehmungen existieren und die Lösungen unklar sind. Sie können Ihr Leiten und Begleiten verbessern, wenn Sie Ihre Toleranz für natürliche Zustände wie Verwirrung, Vieldeutigkeit und Unsicherheit erweitern.

Empfehlungen für Ihr nächstes Treffen

Um sich mit Ängsten anzufreunden, probieren Sie das eine oder andere aus – oder am besten alles:

- Stellen Sie zu Beginn die „Vier Räume der Veränderung" auf einem Flipchart vor.
- Wenn es schwierig wird, atmen Sie gezielt zwei- bis dreimal tief durch. Verunsichern Sie sich selbst durch negative Prophezeiungen? – Dann kehren Sie zurück in die Gegenwart.
- Halten Sie nach einer Möglichkeit Ausschau, 10 oder 15 Sekunden einfach Nichts zu tun und warten Sie ab, ob ein Gruppenmitglied einspringt.
- Laden Sie die Teilnehmenden ein, sich zu bewegen, wenn sie schon längere Zeit gesessen haben.
- Wenn Sie unsicher sind, wie es weitergehen soll, fragen Sie einfach die Gruppe um Rat.

Achter Leitsatz
Ich werde mir der Übertragungen bewusst

„Wir alle gehen zusammen zu demselben anderen Treffen!"
Jim Maselko, Berater und Trainer

Ärgern Sie sich über die Leute, die nichts sagen? Oder über Dauerredner? Wenn jemand seinem Ärger Luft macht, ärgert Sie das dann auch? Haben Sie manchmal den Verdacht, dass die Leute genau das sagen, was Sie hören wollen? Oder dass Sie nach unausgesprochenen Kriterien beurteilt werden? Bewerten Sie manchmal Gruppen als „widerspenstig" oder „arbeitswillig"? Ist es Ihnen schon mal passiert, dass Sie jemanden nicht leiden können, ihm misstrauen oder ihn ignorieren, bevor Sie ihn überhaupt näher kennengelernt haben? Oder dass Sie einen Fremden auf den ersten Blick mochten?

In allen diesen Fällen verstricken Sie sich in Übertragungen, oder Projektionen, wie es die Wissenschaftler nennen. Sie ordnen den Dingen und Personen „draußen" Eigenschaften zu, die ihren Ursprung in Ihnen selbst haben. Inwieweit diese Eigenschaften auf Tatsachen beruhen, ist bei einer Übertragung egal. Sobald Sie eine Uniform oder einen Arztkittel tragen, werden Menschen anders auf Sie reagieren, als wenn Sie in kurzen Hosen und T-Shirt auftreten. Hier finden Übertragungen statt. Oder achten Sie einmal darauf, was in Ihnen vorgeht, wenn das nächste Mal der Leiter aufsteht und sagt: „Mein Name ist Dr. Pistor, ich leite dieses Treffen." Ob Sie sich sträuben oder mitmachen, hängt größtenteils davon ab, was Sie von sich auf das Aussehen, das Auftreten und die Tonlage dieser Person übertragen.

Wir sehen, hören oder spüren in anderen das, was unser Unterbewusstsein möchte, dass wir sehen, hören oder spüren, unabhängig von den Motiven der anderen oder ihren wirklichen Eigenschaften. Wenn wir auf andere Menschen übertragen, entdecken wir in ihnen Hinweise darauf, was wir an uns selbst verabscheuen, leugnen, oder auch sehr schätzen.

Obwohl das Modell von Übertragungen allgemein bekannt ist, sind wir uns unserer eigenen Übertragungen oft nicht bewusst. Wir nehmen auch nicht wahr, in welchem Ausmaß andere auf uns übertragen, besonders wenn wir die Leitung innehaben. Wir wachsen in dem Glauben auf, dass andere uns auf eine bestimmte Weise fühlen lassen und dass wir das Gleiche auch mit Ihnen tun.

– Beispiel –

Sie erinnern mich an meine Schwester…

Sandra leitete ein Treffen und bemerkte dabei, dass eine weiter hinten sitzende Teilnehmerin Grimassen machte. Ihr erster Gedanke war: „Sie macht mich ganz unruhig. Worüber wird sie sich wohl beschweren?“ Auch im weiteren Verlauf des Treffens schien der Frau die Missbilligung ins Gesicht geschrieben. In der nächsten Pause kam sie auf Sandra zu. „Ojeh“, dachte sie, „jetzt kommt's!“

„Ich muss es Ihnen einfach sagen“, begann die Frau. „Sie sehen aus wie meine Schwester. Ich mag meine Schwester nicht. Also nehmen Sie es nicht persönlich.“

Übertragungen erleben

Wenn wir Dinge persönlich nehmen, ist das für die meisten von uns unbestritten ein großes Risiko. Wir wollen Ihnen zeigen, wie man im Alltag und bei der Arbeit konstruktiv mit Übertragungen umgeht. Dafür ist es notwendig, nicht nur das Modell von Übertragungen zu kennen, sondern sie bewusst zu erleben.

Wie oft denken Sie schon beim Anblick einer Gruppe, dass

das Treffen leicht oder schwierig wird? Wie oft urteilen Sie nur nach dem äußeren Schein, dass Sie sich vor bestimmten Personen in Acht nehmen müssen? Wir zeigen Ihnen, wie Sie Ihre Übertragungen in Worte fassen und sich dadurch ihrer bewusst werden können, und wie sich dieses Bewusstsein verwenden lässt, um Treffen effektiver zu leiten. Vielleicht entdecken Sie Fähigkeiten an sich, von denen Sie noch gar nichts wussten.

Auch wenn Übertragung am besten im persönlichen Umgang mit anderen Menschen erlebt wird, können Sie zunächst einmal alleine üben. Wir kennen zwei Methoden, die Ihnen neue Einblicke und praktische Anwendungen erschließen.

Methode 1: Besuchen Sie Ihre inneren „Vier Räume der Veränderung"

Claes Janssen (2005), der schwedische Sozialpsychologe, dessen Arbeit wir im siebten Leitsatz beschrieben haben, erfand ein kurzes Quiz, mit dem Sie in die Welt Ihrer eigenen Übertragungen eintauchen können.

1. Fällt es Ihnen schwer, sich mit Gruppen zu identifizieren? Haben Sie beispielsweise das Gefühl, dass Sie nicht gut in Kontakt kommen, oder dass Sie eine andere Art haben, Dinge zu sehen?

   _____ Ja _____ Nein

2. Fällt es Ihnen schwerer als anderen Menschen, Zwänge und Einschränkungen zu akzeptieren?

   _____ Ja _____ Nein

3. Fällt es Ihnen schwer, sich als einen normalen, gut angepassten Menschen in der heutigen Gesellschaft zu sehen?

   _____ Ja _____ Nein

4. Wenn man Sie fragt, worum es in Ihrem Leben geht, was Sie am stärksten antreibt (ob Sie das für sich geklärt haben oder nicht, ist egal), könnten Sie etwas in der Art sagen wie: die Suche nach Wahrheit, oder nach Freiheit und einem höheren Sinn im Leben?
_____Ja _____Nein

Stellen Sie sich jemanden vor, der diese Fragen mit „Nein" beantwortet, unabhängig von Ihren eigenen Antworten. Schreiben Sie die positivsten Eigenschaften, mit denen Sie diese Person beschreiben würden, als Adjektive auf.

Dann denken Sie an jemanden, der die Fragen mit „Ja" beantwortet, und sammeln Sie die positivsten Adjektive zur Beschreibung dieser Person.

Ihre positiven Adjektive für

Personen, die Nein antworten (+)	Personen, die Ja antworten (+)

Nun schreiben Sie die negativsten Adjektive auf, die Ihnen zur Beschreibung der Menschen einfallen, die die Fragen mit „Nein" bzw. „Ja" beantworten.

Ihre negativen Adjektive für

Personen, die Nein antworten (–)	Personen, die Ja antworten (–)

Wir haben in unseren Workshops festgestellt, dass die Listen überall auf der Welt und in den unterschiedlichsten Ländern sehr ähnlich aussehen.. Die Personen, die Nein antworten, werden positiv mit Adjektiven wie „zuversichtlich“, „sicher“ und „zuverlässig“ beschrieben; negativ heißt es „unnachgiebig“, „gefühlsarm“ und „autoritär“. Werden die Fragen mit Ja beantwortet, sind sie „kreativ“, „visionär“ und „unabhängig“, aber auch „einsam“, „unnahbar“ und „ängstlich“. Wie viele Übereinstimmungen mit Ihren eigenen Bewertungen entdecken Sie?

Hier erleben Sie Übertragungen in Reinkultur. Die Adjektive beschreiben Eigenschaften, die Sie an sich selbst schätzen (+), und solche, die Sie verleugnen oder missbilligen (–). Wir alle haben diese Eigenschaften und noch unzählige andere. Manche kennen wir, andere verstecken wir vor uns selbst. Immer wenn wir andere Menschen einordnen, übertragen wir Eigenschaften von uns auf sie.

Setzen Sie nun Ihre Adjektive in Claes Janssens Modell „Vier Räume der Veränderung“ ein (siehe den siebten Leitsatz). Sie erhalten ein Raster wie dieses:

Zufriedenheit (Nein +)	**Erneuerung (Ja +)**
zuversichtlich, sicher, zuverlässlich, etc.	kreativ, visionär, unabhängig, etc.
Verleugnung (Nein –)	**Verwirrung (Ja –)**
unnachgiebig, gefühls-arm, autoritär, etc.	einsam, unnahbar, ängstlich, etc.

Jeder Raum ist voller negativer und positiver Übertragungen. Wenn Sie ein Treffen leiten, bringen Sie ihre eigenen Übertragungen mit, und die der anderen kommen aus allen Ecken auf Sie zu. Alles was Sie tun, kann unerwartete Folgen haben. Wir baten einmal eine Teilnehmerin, eine Frage zurückzustellen, bis diese zusammen mit allen anderen Fragen behandelt werden konnte. Während der Pause kam sie kochend vor Wut auf uns zu und sagte: „Was sind Sie denn für Begleiter? Sie haben kein Recht mich so abzufertigen und einfach warten zu lassen!“ Wir dachten, wir würden auf diese Weise Struktur und Ordnung bereitstellen. Aber die Teilnehmerin fühlte sich missachtet.

Selbst positive Übertragungen von anderen auf Sie haben ihre Tücken. Wenn Menschen in Ihnen Eigenschaften wiederfinden, die sie an sich selbst bewundern, werden Sie als ein Vorbild aufgebaut, dem Sie nicht gerecht werden können. Unweigerlich wird Ihr wahres Ich hinter der glänzenden Fassade entdeckt. Jeder, der mehr (+) lobende Adjektive von einer Gruppe erhält, als er vernünftigerweise erwarten sollte, darf nicht schockiert sein, wenn ihm auf einmal die Adjektive auf der (–) Liste zugeschrieben werden.

„Was Sie gerade gesagt haben, hat mein Weltbild total durcheinander gebracht! Ich werde die Dinge nie mehr so sehen wie vorher“, sagte eine junge Frau nach einem kurzen Vortrag von uns. Aber später teilte sie uns mit, dass sie verwirrt sei und die Antworten, auf die sie hoffte, nicht erhalten hätte. Wir waren auf einmal verantwortlich für ihre Erleuchtung und hatten sie enttäuscht – oder ist das jetzt unsere eigene Übertragung?

Methode 2: Positive und negative Seiten an sich selbst erkennen und anerkennen

Jetzt kommt der verzwickte Teil: Damit Ihre Übertragungen Ihnen bei der Begleitarbeit nicht in die Quere kommen, nehmen Sie so viele an, wie Sie können. Mit „annehmen“ meinen wir, sich seiner Übertragungen bewusst zu werden und die Eigenschaften, die man an sich nicht mag, zu akzeptieren – zusammen mit denen, die man schätzt.

Es zahlt sich aus, wenn Sie sich hierfür Zeit nehmen, denn der Effekt ist beeindruckend.

- Es ist weniger wahrscheinlich, dass Sie andere Menschen ablehnen oder idealisieren.

- Sie verhalten sich weniger bewertend.
- Sie befreien sich von dem Zwang, perfekt sein zu müssen.
- Sie können Ihre eigene Angst im Zaum halten, wenn andere Menschen etwas sagen, was Sie lieber nicht hören möchten.
- Sie erleben seltener, dass Ihr Ego bedroht wird.
- Die Bandbreite der Menschen, mit denen Sie arbeiten können, wird größer, und Sie setzen sich nicht mit unangemessenen Gefühlsausbrüchen in Szene.
- Irgendwann gelingt es Ihnen vielleicht auch, dem scheinbar so einfachen Ratschlag „Nimm's nicht persönlich!" zu folgen.

Unsere eigenen Übertragungen anzunehmen, lernten wir bei John Weir, der zusammen mit seiner Frau Joyce in ihren „Self-Differentiation"-Workshops Tausenden von Menschen geholfen hat, sich selbst zu entdecken (Weir, 1974).

Wie wir „percepts" (innere Wahrnehmungen) aus Übertragungen bilden

Von den Weirs lernten wir, wie wir unsere „objektiven" Sinneseindrücke in Geschichten gießen, um dem Bild von der Welt zu genügen, das wir verinnerlicht haben. Unsere Sinne liefern die Informationen. Das Gehirn verwandelt diese Bilder, Töne, Gerüche usw. in Wahrnehmungen („percepts"), die alle einzigartig sind. Jeder externe Reiz löst blitzschnell eine Nachricht an das Gehirn aus, das den neuen Sinneseindruck mit denen vergleicht, die in unserer Erinnerung gespeichert sind. Unser Gehirn formt dann eine Vorstellung, die dieses Erlebnis in einer Weise interpretiert, die uns befriedigt. Jeden Eindruck von „außen" verwandeln wir in eine Wahrnehmung „innen". Wir erzählen uns selbst eine

Geschichte und handeln dann so, als sei sie wahr.

John meint, wir geben unseren inneren Wahrnehmungen („percepts“) die Gestalt, die unserem unerreichbaren unbewussten Wunsch entspricht: *Wohlgefühl maximieren und Schmerz minimieren.* Was Schmerz und Wohlgefühl auslöst, ist bei jedem Menschen verschieden. Wir verwandeln rein sensorische Eindrücke in eine Geschichte, die nur wir erzählen können, weil jeder seine eigenen „Filter“ verwendet: Gene, Familiengeschichte, Kultur, ethnischer Hintergrund, Bildung, Religion, Geschlecht, Alter, Werte, Träume, Gesundheit... Deswegen nehmen Sie eine Gruppe als „energetisch, angeregt und lebhaft“ wahr, während die Person neben Ihnen dasselbe Treffen als „außer Kontrolle“ erlebt.

Verändern Sie Ihre „percepts“ (innere Wahrnehmungen), und Sie verändern Ihr Leben

Je mehr Anteile Sie von sich selbst kennenlernen, um so größer ist die Vielfalt menschlichen Verhaltens, die Sie erkennen und akzeptieren. Jedes Mal, wenn Sie einen neuen Anteil entdecken, erweitert sich Ihre Flexibilität im Umgang mit neuen Situationen in Ihrer Begleitarbeit. Immer wenn eine Gruppe Sie aus der Fassung bringt, erleben Sie einen Teil von sich, der es wert ist, untersucht zu werden. Alle solchen Wechselwirkungen tragen in sich den Keim für Selbstentdeckung.

„Percept“ sprechen

Glücklicherweise gibt es einen Weg, wie Sie diesen Prozess beschleunigen können. Was nun folgt, mag zuerst merkwürdig erscheinen, und vielleicht fragen Sie sich, was das mit unserem Thema zu tun hat. Wenn Sie trotzdem dabei bleiben, werden Sie Einsichten gewinnen, die auf keinem anderen Weg erreicht werden können. (Wenn Sie schon mehr Einsichten haben, als Ihnen lieb ist, überspringen Sie diesen Teil.)

Die Weirs haben eine Sprache entwickelt, mit der Sie Ihre eigenen Übertragungen annehmen können, das heißt sie sinnlich wahrnehmen, nicht nur über den Kopf verstehen. Es ist eine Form, die John Weir „Percept language“ (Wahrnehmungssprache) genannt hat, im Gegensatz zur „Object language“ (Objektsprache), unserer alltäglichen Sprache.

In der Objektsprache werden alle Erfahrungen nach außen verlagert. Dinge „geschehen“ uns. In der „percept“ Sprache verursachen wir all unsere Erfahrungen selbst. Statt zu generalisieren und zu abstrahieren (Objektsprache) sprechen wir in der „percept“ Sprache konkret, spezifisch und beschreibend. Ganz egal, was in der „Außenwelt“ geschieht, was in Ihnen passiert, haben Sie selbst gemacht. In diesem Sprachsystem kreieren Sie Ihren jeweiligen Gemütszustand *selbst* durch Ihre inneren Wahrnehmungen... nicht die Umstände, und auch nicht die „anderen“.

In Objektsprache denken wir (gerichtet an uns selbst, wenn wir eine Gruppe leiten): „Ich bin zu Tode gelangweilt durch all diese blöden Fragen.“ In „percept“ Sprache klingt das so: *„Ich langweile mich selbst* mit dem blöde-Fragen-*Teil-von-mir*.“ Die Objektsprache hat den Fokus: „Diese Gruppe ist außer Kontrolle.“ In „percept“ bedeutet das: „Ich habe die Gruppe-*in-mir* als den außer-Kontrolle-*Teil-von-mir*.“

Wenn Sie diese Grammatik regelmäßig anwenden, können Sie mit großer Klarheit erkennen, wie Sie – während Sie ein Treffen leiten – ihren inneren Übertragungsschirm erschaffen.

Jedes Mal, wenn Sie eine Eigenschaft von sich verinnerlichen, die Sie zuvor als jenseits ihrer Kontrolle erlebt haben, befreien Sie sich ein klein wenig von einer unbewussten, selbstauferlegten Beschränkung. Sie werden bei sich bleiben und sich niemals wieder in diese Übertragung verstricken, wenn Sie dieselbe Eigenschaft bei anderen sehen.

Vor Jahren wurde uns bewusst, wie sehr uns bei Treffen Teilnehmende irritierten, die darauf beharrten, dass alles perfekt und reibungslos verlaufen müsse. Als wir darüber nachdachten, erkannten wir, wie wir genau diesen Druck auf uns selbst ausübten. Wir übertrugen unseren Perfektionismus auf Menschen wie uns und lehnten sie wegen dieser negativen Eigenart ab. Als wir diese Übertragung aufgaben, hörten wir auf, perfekt sein zu müssen. Und wir wurden geduldiger mit denen, die weiterhin perfekt sein wollten.

Grammatik der „percept“ Sprache – Grundkurs

Die Grundlagen der „percept“ Sprache können Sie in vier einfachen Schritten lernen.

1. Verändern Sie „es“, „das“, „dieses“ und „jenes“ in „ich“ und „mich“. Machen Sie *sich selbst* zur Quelle jedes Gedanken, jedes Gefühls und jeder Handlung.

Objektsprache	**„Percept“ Sprache**
Es spielt keine Rolle.	Ich spiele keine Rolle.
Das macht Sinn.	Ich mache Sinn.

2. Ersetzen Sie passive Verben durch aktive. Machen Sie sich selbst zum Hauptdarsteller.

Objektsprache	**„Percept“ Sprache**
Ich bin gelangweilt.	Ich langweile mich.
Das ist begeisternd.	Ich begeistere mich.

3. Ergänzen Sie jedes Substantiv oder Pronomen mit dem Zusatz „in-mir“ oder „Teil-von-mir“.

Objektsprache	**„Percept“ Sprache**
Du nervst mich.	Ich nerve mich mit dem du-in-mir.
Kyle macht mein Leben vergnüglich.	Ich mache meine Leben vergnüglich mit dem Kyle-in-mir.

4. Ersetzen Sie (für den Augenblick) „Ich denke“, „Ich fühle“ oder „Ich sehe“ durch „Ich habe…“

Objektsprache	**„Percept“ Sprache**
Ich denke, sie ist fabelhaft.	Ich habe das sie-in-mir als fabelhaften Teil-von-mir.
Ich sehe, die Gruppe ist verwirrt.	Ich habe die Gruppe-in-mir als verwirrten Teil-von-mir.

„Percept“ Sprache ist keine Umgangssprache

„Percept“ ist nicht für den alltäglichen Gebrauch gedacht. Welche Reaktionen würde es geben, wenn Sie in einem Restaurant anfingen, über den „Kellner-in-mir“ zu sprechen, oder in einem Seminar über den „Vortrags-Teil-von-mir“? Aber wenn Sie beim Leiten von Treffen die „percept“ Sprache einsetzen, werden Ihnen Ihre Wahrnehmungen deutlicher, und Sie gehen mit Bewertungen zurückhaltender um.

Dafür können Sie in „percept“ *denken*, wann immer Sie wollen. Wir schätzen es sehr, so unsere Wahrnehmungen „übersetzen“ zu können, während wir mit Gruppen arbeiten. Wir hören die Bewertungen der Teilnehmenden eher als „Teile von ihnen-inuns“ denn als objektive Kommentare. Wir machen uns buchstäblich bewusst, dass immer, wenn jemand etwas sagt, wir die Art und Weise hören, wie dieser Mensch (in uns) die Welt (in sich) erklärt.

Eleanor:
„Ich bin frustriert von all dieser Wiederholerei.“

Wir (übersetzen lautlos für uns):
„Ich habe die Eleanor-in-mir im frustrierten Teil-von-ihr.“ (Sie spricht über ihre Wahrnehmung, sie macht keine objektive Aussage.)

Wir übersetzen unsere eigenen schnellen Wertungen über „die anderen“ in Teile von uns; so erkennen wir, wie unsere Wertungen aus unseren eigenen Übertragungen entstehen, statt aus objektiven Qualitäten anderer Menschen. Wir lernen mehr über uns und werden toleranter mit anderen.

– Beispiel –

Diese Gruppe hat unmögliche Ideen

Wir leiten ein strategisches Planungstreffen. Teilnehmende probieren neue Ideen aus: „Ich denke, wir sollten das Gebäude abreißen und ganz von vorn beginnen.“ Ein anderer meint: „Das reicht nicht. Verkaufen, sage ich, und auf die andere Flusseite umziehen.“ Eine dritte meldet sich zu Wort: „Lasst uns realistisch bleiben. Das Äußerste, was wir uns leisten können, ist ein Neuanstrich und eine Pressekampagne!“

Als Leiter der Gruppe liegen uns Wertungen auf der Zunge: „alberne Ideen“, „zu sprunghaft“, „nicht kreativ genug“, „nutzloses Argument“... Wir denken in Objektsprache. Wir könnten in Panik geraten und es als unsere Aufgabe ansehen, die Teilnehmenden dazu zu bringen, dass sie „realistisch“ denken (das heißt so wie *wir*).

Stattdessen halten wir inne. In unseren Köpfen schwirren „percept“ Übersetzungen umher: „Ich habe die Gruppe-in-mir als den albernen *Teil-von-mir*... einen sprunghaften *Teil-von-mir*... einen unkreativen *Teil-von-mir*... einen nutzlosen *Teil-von-mir*.“ Innerhalb von Sekunden machen wir uns unsere Bewertungen bewusst und auch, welch enorme Verantwortung wir auf uns nehmen. Auf diese Weise lösen wir uns von unseren Bewertungen und können uns dem zuwenden, was die *Gruppenmitglieder* denken und vorhaben. Wir konzentrieren uns darauf, dass möglichst viele dieser Ideen sichtbar werden, damit die Gruppe mit dem ganzen Spektrum arbeiten kann. Statt sie zu stören oder abzubrechen, schätzen wir alle ihre Anteile – in uns und in ihnen.

Leiter: „Erzählt weiter! Alle Ideen werden gebraucht,
damit wir das Spektrum der Möglichkeiten sehen.“

Ihre innere Wahrnehmung erkennen

Einige Tipps, die Ihnen helfen, mit dem „percept“ Teil-in-Ihnen in Kontakt zu kommen.

- Sie wählen ihre eigenen Bewertungen, Ängste und Fantasien. Niemand tut Ihnen das an. Sie „machen“ sich selbst. Sie könnten z.B. annehmen, dass einige Teilnehmende eines Treffens Ihren Arbeitsplan stören. In der Welt des „percepts“ stören Sie sich selbst, mit der Gruppe-in-Ihnen.
- Es wird Ihnen kaum gelingen, andere davon zu überzeugen, dass deren Wahrheiten falsch sind und Ihre richtig. Nehmen Sie die Aussagen anderer über „Tatsachen“, „Wahrheit“ und „Wirklichkeit“ als „percept“ Teile-von-ihnen (die anderen-in-Ihnen!).
- Unterdrücken Sie alle Regungen in sich, die anderen dafür zu tadeln, was Sie selbst tun oder fühlen.

Wenn Sie sich so „machen“ wie hier empfohlen, ist es viel unwahrscheinlicher, dass sie „es“ persönlich nehmen. Das nächste Mal, wenn Jo oder Myra etwas sagt, dass Sie als Kritik an sich auffassen, sagen Sie (lautlos) zu sich selbst: „Ich kritisiere mich mit dem Jo (der Myra)-in-mir.“ So können Sie sich klarmachen, dass *Sie* reagieren, *Sie* es Kritik nennen, *Sie* die Schuld erleben, und dass *Sie* die Gefühle erzeugen. Jo (Myra) wird zu einem Bild auf ihrem „Wahrnehmungs-Schirm“.

„Percept“ Sprache üben

Übersetzen Sie diese Sätze aus der Objektsprache in die „percept“ Sprache:

Objektsprache

a) Karen ist ein freundlicher Mensch. Ich habe Karen ________________

____

b) Die Gruppe nervt mich. Ich nerve mich mit ______________

____

c) Du bist sehr klug. Ich habe das____________________

als einen ____________________

d) Das war atemberaubend. Ich habe ______________________

als einen ____________________

a) Ich habe Karen als den freundlichen Teil-von-mir.
b) Ich nerve mich mit der Gruppe-in-mir.
c) Ich habe das du-in-mir als einen sehr klugen Teil-von-mir.
d) Ich habe das als einen atemberaubenden Teil-von-mir.

Zusammenfassung

Wir übertragen unsere Hoffnungen und Ängste auf andere und machen sie verantwortlich für unsere Gefühle und unser Schicksal. Andere tun das Gleiche mit uns, besonders wenn wir in der Leitungsrolle sind. Projektion oder Übertragung bedeutet, wir erleben Teile von uns, die wir mögen oder ablehnen, als seien sie „außerhalb“ von uns entstanden. Wenn Sie Ihre Übertragungen erkennen, können Sie sich genügend von dem lösen, was bei Treffen geschieht, und aufhören persönlich zu nehmen, was Menschen sagen oder tun.

Empfehlungen für Ihr nächstes Treffen

- Halten Sie alle positiven und negativen Teile von sich selbst fest, die Sie beim Lesen dieses Kapitels wahrgenommen haben. Wie können Sie dieses Bewusstsein beim nächsten Treffen nutzen, das Sie leiten?
- Erinnern Sie sich an das letzte Gespräch, das Sie geführt haben: Können Sie irgendwelche Anteile von sich selbst erkennen, die Sie auf andere übertragen haben?
- Schreiben Sie einen Satz in der Alltagssprache, der beschreibt, was Sie in diesem Augenblick von der „percept“ Sprache halten.

  Im Augenblick ________________________________

  Nun übersetzen Sie diesen Satz in „percept“. (Verwenden Sie aktive Verben, verwandeln Sie „es“ in „ich“ und besuchen Sie den Schauplatz der Handlung in Ihrem Inneren.)

  Percept: Ich [aktives Verb] ______________________

  mich mit dem ______________________ Teil-von-mir

- Nun beschreiben Sie jemanden, den Sie gut kennen, in der Alltagssprache.

  Ich denke, [Name der Person] ist ___________________

  und ____

  Als Nächstes übersetzen Sie Ihre Beschreibung in „percept“.

  Ich habe [Name der Person] _________________ in-mir

  als [Liste der Eigenschaften] ______________________

Neunter Leitsatz

Ich lerne, eine verlässliche Autorität zu sein

If you can keep your head when all about you
Are losing theirs and blaming it on you,
If you can trust yourself when all men doubt you
But make allowance for their doubting too,
If you can wait and not be tired by waiting,
Or being lied about, don't deal in lies,
Or being hated, don't give way to hating
And yet don't look too good, nor talk too wise.

Rudyard Kipling, „If" (1895)

Kiplings Gedicht besteht noch aus drei weiteren Versen, mit insgesamt 15 „Ifs". Es endet: „If you can do all these things, you'll be a man, my son". Wir mögen sein Gedicht, weil Kipling seinem Sohn lebendig beschreibt, welchen Herausforderungen wir beim Leiten von Treffen begegnen. Wann immer Sie leiten, steht Ihre Verlässlichkeit auf dem Prüfstand. Je emotionsbeladener das Programm, desto härter die Prüfung. Ihre Aufgabe ist es, geduldig einen kühlen Kopf zu bewahren, die Dinge nicht persönlich zu nehmen und sich selbst nicht zu wichtig. Der Erfolg stellt sich ein, wenn Sie durchhalten im festen Vertrauen, Ihr Bestes zu tun, egal wie sehr das Programm Sie verunsichert.

Jeder kann autoritär sein; das lernen wir schon als Säugling. Später bestärken Schule, Kirche, die Armee uns darin – alles Orte, an denen Disziplin herrscht. Es gibt kaum jemanden, der nicht unter dem Einfluss einer fordernden Respektsperson aufwächst. Kein Wunder, dass es uns so schwerfällt, die Lücke zwischen aufgezwungener und anerkannter Autorität zu überbrücken.

In diesem Kapitel helfen wir Ihnen, sich auf sich selbst verlassen zu können, eine verlässliche Autorität zu werden. Je tiefer Sie in die Dynamik von Autorität eintauchen – die universelle Erfahrung von Leitenden und Geleiteten – desto leichter werden Sie es vermeiden können, in die Falle Ihrer eigenen Macht zu gehen. In Kapitel Acht haben wir uns angeschaut, wie Rollenübertragungen im täglichen Leben wirken. Jetzt werden wir das Augenmerk darauf richten, wie Sie mit Übertragungen in Ihrer Rolle als Leiter und Begleiter umgehen.

Wesentliche Fertigkeiten dafür sind

- autoritätsbezogene Übertragungen erkennen, wenn sie auf Sie zukommen
- auf der Hut sein, wie Sie selbst zu solchen Übertragungen einladen
- autoritätsbezogene Übertragungen umlenken
- ihren eigenen Übertragungen Einhalt gebieten
- überlegt reagieren

Die Dynamik von Autorität verstehen

Als Leiter, Begleiter oder Experte haben Sie die Stellung einer Autorität. Ob Sie wollen oder nicht, Sie ziehen Übertragungen an. Wie Sie mit Ihrer Autorität umgehen, wirkt sich darauf aus, wie die Gruppe ihre Aufgabe wahrnimmt.

Wir glauben, dass Durchbrüche im Gruppengeschehen – in der Kommunikation, bei der Problemlösung und Entscheidungsfindung – in Quantensprüngen erfolgen, also sich nicht nach und nach entwickeln, sondern plötzlich in Erscheinung treten. Diese Veränderungsschübe werden um so wahrscheinlicher, je zuverlässiger Sie leiten.

Wir kennen die Verlockung nur zu gut, gefallen zu wollen, indem man Dinge für die Teilnehmenden tut, die sie selbst für sich tun könnten. Oder jede Andeutung als Problem zu sehen, das wir lösen müssen. Vor allem mussten wir verlernen, alle Frustrationen der Gruppe persönlich zu nehmen und entweder zurückzuweichen oder hart einzugreifen, wenn es schwierig wurde.

Wir strengen uns sehr an, unseren Drang nicht auszuleben, Unsicherheit unter Kontrolle zu bringen, Konflikte einzudämmen, Unterschiede auszumerzen und alle bei guter Laune zu halten. Wir können mittlerweile unsere Fantasien aushalten, dass die Gruppe auseinanderbricht, wenn wir den Deckel nicht draufhalten. Wir haben das innerliche Tauziehen zwischen gesundem Menschenverstand und unserem Bedürfnis, allwissend und geliebt zu sein, akzeptiert. Durch ständige Reflexion unserer eigenen Erfahrungen wissen wir, dass Menschen vom Chaos unweigerlich zur Ordnung finden. Unsere Aufgabe ist es, die Bedingungen für diese Entdeckung bereitzustellen und aufrechtzuerhalten. Unsere funktionale Autorität wird gestärkt, wenn wir sicherstellen, dass für das angestrebte Ziel die richtigen Leute am Start sind und genug Zeit für ihr Vorhaben zur Verfügung steht. Unsere Glaubwürdigkeit stabilisiert sich, wenn alle zu Wort kommen, die sprechen wollen, und so das Spektrum der vorhandenen Standpunkte sichtbarer wird, bevor Handlungsschritte verabredet werden. Aus unserer Sicht verantworten die Teilnehmenden ihre Entscheidungen selbst, so wie auch wir unsere Entscheidungen als Leiter selbst verantworten... ohne dass es der Rechtfertigung bedarf.

Wir alle werden durch Autorität zu Übertragungen angeregt

Wenn Sie diesen Weg wählen, führen Sie sich vor Augen, wie tiefgreifend das Verhältnis aller Gruppen zu Autorität ist.
Seit jeher richten wir unsere Übertragungen wie einen Laserstrahl

auf diejenigen, die Leitung ausüben. Sie können sich als netter Mensch geben – liebenswürdig und locker. Oder vielleicht sehen Sie sich lieber als kurz angebunden, geschäftsmäßig, ein bisschen stolz darauf, wie schwer Sie zufriedenzustellen sind. Ganz gleich wie Sie sich in Treffen verhalten, wie streng oder locker Sie leiten, ob Sie der Chef sind, Mitarbeiter oder externer Berater: Sie können sich darauf verlassen, dass einige Leute Sie in vorhersehbarer Weise herausfordern werden.

In „percept" Sprache (Achter Leitsatz) bedeutet das: Menschen konfrontieren Sie – ohne sich dessen bewusst zu sein – je nachdem welche Erfahrungen mit Autorität das „Sie-in-ihnen" wachrüttelt. In neuentstandenen Gruppen taucht dieses Phänomen mit Sicherheit auf. In bereits existierenden Gruppen können Sie damit rechnen, wenn neue Personen dazustoßen oder andere Dinge innerhalb der Gruppe aus dem Gleichgewicht geraten.

Unsere reflexhaften Übertragungen auf Autorität stammen oft von weit zurückliegenden Erfahrungen mit Eltern, Großeltern, Geschwistern, Freunden und Lehrern. Wir kommen hilflos und abhängig auf die Welt. Als Kleinkinder wechseln wir zwischen den Gemütslagen „alles gut" und „alles schlecht". Ein Baby kann innerhalb einer Sekunde von glücklichem Glucksen in einen Schreianfall wechseln. Dann ist es das Los eines Erwachsenen, sich zu kümmern.

Erst im zweiten Jahrzehnt unseres Lebens begreifen die meisten von uns Gegensätze als etwas Alltägliches. In dieser Zeit begegnen wir den positiven Einflüssen vertrauenswürdiger Erwachsener und ziehen gleichzeitig harte Lehren aus der Begegnung mit anderen, die ihre Autorität missbrauchen. Erwachsene entwickeln die Fertigkeit mit der Ambivalenz von „sowohl als auch" umzugehen. Wir sind im Stande, das Nebeneinander von Gutem und Scheußlichem in uns zu erkennen... nutzen diese Erkenntnis aber leider nicht immer.

Da ist es nicht verwunderlich, dass Teilnehmende in neuen Gruppen unbewusst alte Autoritätskämpfe aufleben lassen und ein Tauziehen mit allen veranstalten, die gerade leiten. Auch Gruppen von Erwachsenen können sich am Anfang wie Säuglinge benehmen. Allerdings können Gruppen sehr schnell erwachsen werden, wenn Sie es zulassen. Eine erwachsene Arbeitsgruppe erkennt und benutzt ihre eigene Autorität. Sie akzeptiert Ihre Führung, ohne Ihnen blind zu vertrauen oder zu misstrauen. Ob sie diesen Punkt erreicht, hängt davon ab, wie Sie mit den Autoritätsübertragungen der Gruppe umgehen. Wenn Sie akzeptieren, dass für die Gruppe der größte Haken Ihre Rolle ist und nicht Sie selbst, wird es Ihnen gelingen, weder Abhängigkeit noch Rebellion hervorzurufen.

Autoritätsübertragungen am eigenen Leib erfahren

Neue Gruppen wollen herausfinden, was Sie wissen und wie Sie Ihre Autorität sehen und einsetzen. Am Anfang kommen Ihnen Gruppen entgegen und sind eifrig darauf bedacht, es Ihnen recht zu machen. Einer Lehrmeinung zufolge hofft eine große, unbewusste Teilgruppe, dass Sie Zauberkräfte besitzen, um alles zu richten. Natürlich sind das Wunschträume, und sobald die Arbeit schwierig wird, setzt die große Ernüchterung ein.

Andere, die Autorität nicht ausstehen können, betrachten Sie als Feind und nutzen im Extremfall jede Gelegenheit, sich Ihnen zu widersetzen. Niemand, auch Sie nicht, kann sagen, wer zu welcher Teilgruppe gehört, bis jemand Sie ins Visier nimmt, und andere sich zurücklehnen und die Show genießen.

Natürlich ist all das nur Theorie. Andererseits – denken Sie an Ihre eigenen Erfahrungen. Wie oft haben Sie eine Gruppe geleitet, in der einige mit Ihnen durchs Feuer gingen und andere jedes Wort von Ihnen schroff zurückgewiesen haben. Wir nennen die eine Form dieser Beziehungen „Abhängigkeit“ und die andere „Gegenabhängigkeit“.

Leitung: Wir machen 10 Minuten Pause.

Abhängige Gruppe: Super, Ihr Zeitgefühl ist perfekt!

Gegenabhängige Gruppe: 10 Minuten, das reicht doch nie!

Abhängigkeit erkennen

Verwechseln Sie abhängiges Verhalten nicht mit Kooperation. Während Sie sich in der Wärme von Gruppen sonnen, die alles tun, was Sie von ihnen verlangen, seien Sie sich bewusst, dass eben diese Gruppen am Ende vielleicht gar nichts mehr alleine machen werden. Wenn Sie sich gerne mehr und mehr auf die Schultern laden, dann ist die folgende Empfehlung nichts für Sie: Wollen Sie die Elternrolle vermeiden oder ganz loswerden, müssen Sie sowohl die Anforderungen, die Sie an sich selbst stellen, verringern als auch die abhängigen Gruppen davon überzeugen, dass sie für sich selbst verantwortlich sind. Abhängigkeit basiert auf Wunschdenken, nicht auf Realität. Verräterische Signale sind: Wenn Menschen Ihnen das erzählen, was Sie ihrer Meinung nach gerne hören möchten, oder sich jedes Mal bei Ihnen rückversichern, bevor sie etwas tun, und/oder Sie und die von Ihnen gesetzten Regeln gegen jede Kritik verteidigen.

Jedes Mal, wenn Sie mehr arbeiten als die Gruppe selbst, fördern Sie Abhängigkeit. – Wollen Sie das?

Hier einige der üblichen Signale für Abhängigkeit:

Teilnehmende idealisieren Sie.
(Sie können nichts falschmachen.)

„Wenn Sie das sagen, wie kann ich daran zweifeln?“
„Ihre Art die Dinge zu sehen, ist unvergleichlich.“
„Ich beneide Sie um Ihre Art; wie Sie das wieder hingekriegt haben!“

Teilnehmende verführen Sie.
(Wer genießt es nicht, umschwärmt zu werden.)

„Sie sind ein so netter und einfühlsamer Mensch.“
„Sie sehen aus, als könnte Ihnen eine Umarmung (Massage, Tasse Tee...) gut tun.“
„Ich kann Ihnen gar nicht genug danken für das, was Sie für uns tun!“

Teilnehmende versuchen sich einzuschmeicheln.
(Brauchen Sie nicht einen neuen besten Freund?)

„Ich räum’ die Flipcharts schon weg. Sie haben Wichtigeres zu tun.“
„Ich weiß, Sie mögen Fußball. Ich habe noch eine Karte für das Spiel am Samstag übrig.“
„Ich habe da einen Artikel ausgeschnitten, der Ihren Standpunkt von gestern untermauert. Soll ich ihn an die Gruppe verteilen?“

Dieses Verhalten schadet niemandem, solange Sie sich nicht danach verzehren und es verstärken. Wenn Sie es aber ganz selbstverständlich erwarten und vermissen, wenn Sie es nicht bekommen, dann sind Sie erledigt, ein zappelnder Fisch an der Angel, ein Abhängigkeits-Junkie, und Sie können sich nicht länger auf sich selbst verlassen. Sie werden für den Applaus oder um des lieben Friedens willen alles tun, wohltuend für Ihr Ego, aber schlecht für die Aufgabe der Veranstaltung.

Gegenabhängigkeit erkennen

Lehnt eine Gruppe Ihre Autorität aber ab, vergeht Ihnen die Lust darauf, den gütigen Leiter zu geben. Sie werden Gegenabhängigkeit als Misstrauen, Zynismus oder Langeweile wahrnehmen – dafür sind Sie nicht angetreten. Untrügliche Anzeichen sind, dass Ihnen ständig widersprochen wird, oder jeder Blickkontakt mit Ihnen vermieden wird, und/oder gegen Sie gerichtete verbale Attacken. Sie sollten hellhörig werden, wenn Dinge passieren wie

Teilnehmende untergraben Ihre Autorität.
(Ich weiß es besser und kann es beweisen.)

„X hat eine Theorie, die Ihre komplett widerlegt."
„Offensichtlich kennen Sie die letzten wissenschaftlichen Untersuchungen nicht."
„Kennen wir, hatten wir. Erzählen Sie uns was Neues!"

Teilnehmende werten Sie ab.
(Sie sind inkompetent.)

„Sie haben nicht genug Erfahrung, um unsere Gruppe zu leiten."
„Sie hören doch gar nicht zu, wenn wir etwas sagen."
„Sie zwingen uns Ihr Programm auf."

Teilnehmende starten einen verbalen Angriff.
(Sie sind eine Bedrohung für die Gruppe.)

„Sie haben uns manipuliert."
„Sie untergraben unsere Arbeit."
„Wenn Sie bleiben, gehen wir."

Sollten Sie jemals das Gefühl haben, dass ein Mitglied der Gruppe Sie oder jemanden anderes tätlich angreifen könnte, rufen Sie um Hilfe!

Autorität zieht Übertragungen an

Die Verhaltensmuster, die wir hier beschreiben, haben mehr mit Ihrer Rolle als mit Ihrer Persönlichkeit zu tun. Wer leitet, riskiert Übertragungen. Wie Sie auf Übertragungen reagieren, bestimmt, ob sie harmlos vorüberziehen, oder Sie in Streitereien versinken und/oder der Aufgabe völlig aus dem Weg gehen.

Aber Sie haben schließlich auch Gefühle! Wenn Mitglieder der Gruppe auf Gedeih und Verderb Übertragungen auf Sie loslassen, wäre es kein Wunder, wenn Sie auch Ihre Erfahrungen mit Autorität aktivieren und in kindliches Verhalten zurückfallen.

Tatsächlich können Sie leicht alles noch viel schlimmer machen, wenn Sie sich selbst ins Rampenlicht stellen. Nicht nur hat die Gruppe dann ihre Aufgabe aus den Augen verloren, sondern Ihnen passiert genau das Gleiche. Sie leiten die Gruppe jetzt nicht mehr; Sie haben sich ihr angeschlossen.

Stellen Sie sich die folgenden Fragen, um einschätzen zu können, ob die Abhängigkeit einer Gruppe dazu beitragen kann, dass Sie die Aufgabe aus den Augen verlieren.

- Stehen Sie gern im Rampenlicht und nehmen Sie die Lobpreisungen für bare Münze?
- Wollen Sie die Gruppe partout immer bei Laune halten?
- Sehnen Sie sich nach positiven Rückmeldungen?

Oder

- Stoßen Sie die leicht zu durchschauenden Täuschungen der Gruppe ab?
- Wollen Sie ihnen ein bisschen Vernunft einbläuen?
- Nervt es Sie, wie lange sie brauchen, um etwas zu begreifen?

Und jetzt schauen Sie mal, wie es Ihnen geht, wenn Teilnehmende Sie abwerten oder angreifen.

- Fühlen Sie sich wie ein Versager?
- Wollen Sie sich rechtfertigen?
- Verfallen Sie in Panik und ziehen sich zurück?
- Wollen Sie zurückschlagen, härter zurückschlagen?
- Wollen Sie wegrennen und sich verstecken?

Mit der Dynamik von Autorität umgehen

Wie auch immer Sie auf diese Fragen eingehen, wir möchten einen Rat wiederholen, den Sie wahrscheinlich schon oft gehört haben: *Nehmen Sie es (das „sie-in-Ihnen") nicht persönlich!*

Wenn Menschen ihre Übertragungen auf Sie richten, können Sie davon ausgehen, dass diese Übertragungen weit mehr über sie selbst als über die Leitung aussagen. Die Teilnehmenden praktizieren das „Sie-in-ihnen". Wenn es Ihnen schwerfällt, ausschweifendes Lob und/oder vernichtende Kritik nicht persönlich zu nehmen, hier ein paar Tipps, damit Sie nicht in Schwierigkeiten geraten.

1. Reagieren Sie nur knapp auf Abhängigkeit

Denken Sie daran, dass am Anfang in jeder Gruppe unbewusst die Verantwortung zu lernen, zu entscheiden oder zu handeln verweigert werden kann. Gruppenmitglieder erwarten die Erfüllung ihrer Bedürfnisse von Ihnen. Spüren Sie dem nach. Auch Sie kennen das. Sie brauchen positive Rückmeldungen nicht zurückzuhalten. Wenn Sie allerdings übertreiben, erzeugen Sie weitere unangemessene Rückmeldungen der Gruppe.

Gruppe: Machen wir es richtig?
Leiter: (Nickt zustimmend – keine detaillierte Leistungsüberprüfung.)

Gruppe: Wie waren denn die anderen Gruppen im Vergleich zu uns?
Leiter: Sie machen das gut.
(Anstatt überschwänglich zu sagen: „Sie haben in der letzten Stunde mehr geschafft als alle anderen Gruppen, mit denen ich jemals gearbeitet habe!“)

Gruppenmitglied: Unglaublich, Sie bleiben so ruhig in diesem ganzen Durcheinander.
Leiter: Danke. (Und fügen Sie nichts hinzu.)

Sich auf sich selbst verlassen können, bedeutet angesichts von Abhängigkeiten, die Gefühle anderer als natürlich zu akzeptieren, die Teilnehmenden zu unterstützen und Dinge nicht aufzubauschen. Je weniger Worte desto besser.

2. Lassen Sie die Teilgruppe für Gegenabhängigkeit sichtbar werden

Gegenabhängigkeit ist etwas verzwickter. Manchmal gibt jemand ein Gefühl preis, zu dem andere nicht stehen würden, weil es zu gewagt erscheint. Wenn Sie als Leiter angegriffen werden, halten Sie kurz inne, bevor Sie reagieren. Das ist einer der Momente, um *einfach nur* dazustehen. Wenn Sie ein Ventil für ihr Unbehagen brauchen, atmen Sie tief durch.

Es gibt viele Dinge, die wir uns bemühen *nicht* zu tun, während wir einfach nur atmen. Dazu gehören Erklärungen, worum es gerade geht, mit den Augen rollen, Befremdung zeigen, neunmalkluge Bemerkungen machen, gegenhalten und/oder die betreffende Person zu ignorieren, indem ich mich jemand anderem zuwende.

Während wir dort stehen, rufen wir uns in Erinnerung, dass es im Augenblick nur darum geht, die Gruppe vor dem Auseinanderbrechen zu bewahren und davor, dass sie ihre Aufgabe aus dem Blick verliert. Um das zu erreichen, versuchen wir, uns für die Aussage des Sprechers zu öffnen – das heißt den „Sprecher-in-uns" zu finden. Welche Impulse wir auch haben mögen, wir versuchen unser Bestes, sie in Schach zu halten. Was wir tun müssen, ist klar: für diese Person einen Verbündeten finden. (Dieser Prozess wird detailliert im sechsten Leitsatz beschrieben.)

Gruppenmitglied:
„Das bringt doch hier überhaupt nichts.
Wofür das Ganze?"
Leitung:
„Hat noch jemand Fragen dazu, was wir
hier machen?"

Wir empfehlen Ihnen, die Frage als zulässig anzuerkennen und die Gruppe die Situation regeln zu lassen. Wenn einige sich fragen, worum es geht, werden andere es ihnen erklären wollen. Wenn niemand weiß, worum es geht, öffnen Sie die Diskussion für alle. Was auch immer Sie tun, vermeiden Sie die Zuspitzung der Übertragung auf Sie! Sagen Sie den Teilnehmenden nicht, worum es geht oder welche Erfahrungen sie machen sollen. Wenn Sie Ihre Sicht der Dinge beitragen, erklären Sie deutlich, was Sie damit zu erreichen hoffen. Dann fragen Sie nach, wie gut Ihnen das gelingt.

3. Direkte Angriffe umlenken

Jetzt kommen wir zur schwierigsten Herausforderung für Sie. Was tun, wenn Ihre Kompetenz angezweifelt und/oder Sie als Leiter angegriffen werden? Dafür gibt es keine allgemeinen Ratschläge, es kommt auf die konkrete Situation an. Und manchmal steckt in einem vermeintlichen Angriff eine Rückmeldung, aus der Sie lernen können. Wenn dem so ist, stehen Sie am besten dazu.

Teilnehmer*in*:

„Sie kapieren es einfach nicht, oder?"

Leiter*in*:

„Sie könnten Recht haben. Noch jemand, der denkt, ich kapiere es nicht?" (Antwortet niemand, könnten Sie fragen: „Noch jemand hier, der es nicht kapiert?")

Teilnehmer*in*:

„Sie haben nicht genug Erfahrung, um mit uns zu arbeiten."

Leiter*in*:

„Ich war noch nie in genau der gleichen Situation. Ich bin bereit weiterzumachen, wenn Sie es sind!"

Teilnehmer*in*:

„Sie hören doch gar nicht zu, was wir sagen."

Leiter*in*:

„Vielleicht habe ich etwas nicht mitbekommen. Sagen Sie es mir noch mal."

Teilnehmer*in*:

„Sie versuchen uns Ihr Programm aufzudrücken."

Leiter*in*:

„Ja, ich habe ein Programm. Aber wenn Sie das Gefühl haben, es wird Ihnen aufgedrückt, können wir einen Schritt zurückgehen. Hat noch jemand Bedenken wegen des Programms?"

Je öfter Sie leiten, desto wahrscheinlicher wird es, dass eines Tages ein Teilnehmer seine negativen Autoritätsübertragungen nicht mehr zurückhalten kann. Der Köder ist zu groß, zu verlockend und verführerisch, um ignoriert zu werden. Womöglich hat sich bei ihm vieles bis zu diesem Zeitpunkt aufgestaut. Wenn wir Kollegen fragen, ob sie jemals verbal attackiert wurden, sagen die meisten Ja. Oft ist es nur einmal passiert, aber es bleibt für immer in Erinnerung. Also bereiten Sie sich vor und üben Sie, Teilgruppen zu bilden, in denen einzelne Teilnehmende Verbündete mit gleichen oder ähnlichen Meinungen finden.

– Beispiel –

Sie haben uns manipuliert!

Es geschah – und wir werden es nie vergessen – in der letzten Stunde einer sehr produktiven strategischen Planungssitzung. Ihr wohnten 60 Mitarbeiter einer großen Firma bei, die im Finanzsektor auf dem gesamten amerikanischen Kontinent tätig waren. Während die Handlungspläne Beifall bekamen, wandte sich einer der Teilnehmenden direkt an uns und sagte: „Sie glauben vielleicht, Sie hätten gute Arbeit geleistet, aber in Wirklichkeit haben Sie uns nur manipuliert, sodass wir uns unrealistische Szenarien erträumt und Pläne geschmiedet haben, die niemals in die Tat umgesetzt werden. Sie haben für jeden von uns eine Enttäuschung vorbereitet."

Gruppe: (fassungsloses Schweigen)
Leitung: (mehr als fassungslos)

Diese sehr emotional hervorgebrachte Äußerung stellte alles in Frage, woran wir glauben. Sie schockierte die Gruppe. Alle warteten endlose Sekunden, was passieren würde. Der Mann hatte uns völlig überrascht. Wir mussten uns zusammenreißen, um nicht zurückzuschlagen. Unsere Gedanken konnten dem Köder nicht widerstehen.

Was für eine destruktive Bemerkung! Wo ist er in den letzten drei Tagen gewesen? Vielleicht hat er ja Recht: Ja, wir haben schon Gruppen geholfen, Pläne zu entwickeln, die sie dann nicht umsetzen konnten. Aber doch nicht dieses Mal. Hier hatten wir das ganze System im Raum. Die Handlungspläne sind von hochrangigen Führungskräften und Vorständen abgesegnet worden. Und es ging gar nicht um uns. Die Glaubwürdigkeit der Organisation stand auf dem Spiel. Konnte er die Aufmerksamkeit der Gruppe von den Verabredungen weg auf sich lenken? Würden sie auf einmal ihre einge-

gangenen Verpflichtungen und Kreativität als Schnickschnack raffinierter Techniken ansehen, ohne Chance verwirklicht zu werden? Waren wir nur der „manipulative Teil des uns-in-ihm"? Eine große Projektionsfläche für seine eigenen Enttäuschungen?

All dies – Prozess und Inhalt – ging uns durch den Kopf, während wir einfach nur dastanden. Wenn Sie uns bis hierher gefolgt sind, wissen Sie, was für uns das Schlüsselanliegen war, aus theoretischer und praktischer Sicht. Diese Person setzte sich dem Risiko aus, zum Sündenbock der Gruppe zu werden. Der Erfolg, den die meisten erlebt hatten, konnte schnell abstumpfen, wenn sie ihn zurückweisen würden.

Die Frage an diesem Punkt war nicht: „Fühlt sich noch jemand manipuliert?", sondern: „Hat noch jemand Bedenken wegen der geplanten Schritte?"

In diesem Fall kamen wir nie dazu, diese Frage zu stellen.

Jemand sagte: „Ich habe mich für die Vorhaben entschieden und werde daran festhalten." Ein anderer fügte hinzu: „Ja, in der Vergangenheit hatten wir unrealistische Pläne. Aber diesmal nicht." Mehrere nickten zustimmend. Noch während wir dort standen – Wunder über Wunder – sprang dem Abweichler ein Verbündeter bei: „Wir haben uns hier von Anfang an darauf geeinigt, dass alle Ideen zulässig sind", sagte ein altgedienter Geschäftsführer. „Er hat ein Recht auf seine Meinung, und wir sollten sie respektieren." Der Augenblick, der einen Sündenbock hätte schaffen können, ging vorbei. Ein anderer leitender Manager stand auf, bekräftigte seine Zustimmung für die Pläne und versicherte dem Skeptiker, dass er für die Umsetzung sorgen werde.

Widerspenstige Gruppenmitglieder nehmen Sie als Leiter*in* oft ins Visier. Sie sind da, damit man auf Sie schießen kann, und es wird auf Sie geschossen. Es ist kein Vergnügen, aber auch nicht so tragisch. Wenn Sie nicht tot umfallen und nicht zurückschießen, wird es bald einen Waffenstillstand und einen Friedensvertrag geben.

Zusammenfassung

Immer wenn Sie leiten, wird Ihre Verlässlichkeit auf die Probe gestellt. Je umstrittener das Anliegen ist, desto härter geht es zu. Verlässlich sein, heißt sich der Dynamiken rund um Autorität bewusst zu sein, wie sie sich in jeder Gruppe abspielen. Sie können autoritätsbezogene Übertragungen nicht verhindern; sie kommen einfach auf Sie zu. Aber Sie können lernen einen kühlen Kopf zu bewahren und die Dinge nicht persönlich zu nehmen. Reagieren Sie überlegt auf Abhängigkeit und Gegenabhängigkeit, ohne sich mit Ihrer eigenen Brillanz zu blenden, oder sich mit Ihren angenommenen Unzulänglichkeiten zu verunsichern.

Empfehlungen für Ihr nächstes Treffen

- Sagen Sie sich im Stillen, dass Sie in jeder Minute Ihr Bestes tun, was auch passiert. Niemand erwartet, dass Sie immer perfekt sind.
- Nehmen Sie bewusst wahr, wenn Sie Befehle geben, Kommentare bewerten, Sarkasmus einsetzen, Ihre Augen verdrehen, zu viel reden, sich wiederholen, Leuten ins Wort fallen, sich nur für den Feierabend beeilen, und/oder... (Fügen Sie hier Ihre schlimmste Angewohnheit ein). Lassen Sie einmal eine weg und beobachten Sie, was passiert.
- Benennen Sie für sich eine Ihrer Übertragungen auf andere, ohne sie auszuleben. Führen Sie sich eine Übertragung vor Augen, die aus der Gruppe auf Sie zukommt. Lassen Sie sie an sich vorüberziehen, wenn Sie können.

Zehnter Leitsatz

Ich lerne NEIN sagen, damit mein JA mehr bedeutet

You got to know when to hold 'em, know when to fold 'em,
Know when to walk away and know when to run.
Kenny Rogers, „The Gambler"

„Just Say No!" Dieser Slogan einer Antidrogen-Kampagne machte Nancy Reagan während der Amtszeit ihres Mannes als Präsident der USA berühmt.

„Sag einfach Nein!" hört sich einfacher an, als es ist. Wer rund um die Uhr in einer Welt von „Man kann!" und „Man muss!" lebt, lässt kein gutes Haar an Menschen, die auch Nein sagen. Ein Nein ist ein Zeichen von Feindseligkeit. Es macht den Sprecher zum Schwächling, es untergräbt schöpferisches Denken, gute Absichten und jeglichen Humor. Wer Nein sagt, wird von Managern und ihren Mitarbeitern, aber auch von Beratern und Begleitern als Angsthase, Quertreiber oder gar als Saboteur abgestempelt.

Dieses Kapitel wendet sich

- an Abteilungsleiter, Vorgesetzte und Manager, die sich von ihrer Leitung zu etwas gedrängt fühlen, das aus der eigenen Sicht nutzlos ist
- an interne und externe Berater, die um jeden Preis unter fragwürdigsten Bedingungen Außerordentliches erreichen sollen
- an Mitarbeiter aus den Bereichen Finanzen, Informationstechnologie, technische Entwicklung, Personal

und Training, die um ihre Jobs bangen, sobald sie sich für bessere Arbeitsbedingungen einsetzen, die auch die Produktivität steigern würden
- an Lehrer, Mitarbeiter im Gesundheitswesen und im Öffentlichen Dienst, die ständig unter öffentlicher Beobachtung stehen

Viele, die mit Leib und Seele dabei sind, sagen fast zwanghaft Ja, obwohl jede Faser in ihrem Körper „Nein, auf keinen Fall!“ schreit.

Nur wenige Menschen verweigern Vorgesetzten oder potenziellen Auftraggebern, was diese nachdrücklich fordern. Manche Führungskräfte meinen, sie könnten bahnbrechende Veranstaltungen wie irgendeine Ware von der Stange kaufen.

Wenn eigentlich drei Tage nötig sind, mach's in zwei. Wenn es zwei Tage braucht, versuch's in einem. Basta!

„Schneller, kürzer, billiger“ wird heutzutage bei allen Gelegenheiten verlangt, egal ob es passt oder nicht. Manager wie Mitarbeiter fühlen sich gezwungen, jede Herausforderung anzunehmen. Beflügelt von der Aussicht auf neue Aufträge, schrauben Berater ihre eigenen Erwartungen höher als in der Praxis realisierbar.

Paradoxerweise führt das nicht zu weniger Treffen, im Gegenteil. „Schneller und kürzer“ bedeutet oft mehr Zusammenkünfte und weniger Ergebnisse; das heißt auf lange Sicht teure und unerwartete Umwege oder eine Sackgasse.

– Beispiel –

Ausschluss der Unternehmensleitung

Wir waren eingeladen, bei der strategischen Planung in einer Fabrik zu helfen. Es gab erhebliche Konflikte zwischen einer Niederlassung und der Gesamtunternehmensleitung. Zu unserer Überraschung wollte der Leiter der Niederlassung niemanden aus der

Unternehmenshierarchie bei den Planungstreffen dabeihaben. Wir wollten ihn dafür gewinnen, den Konflikt durch ihre Einbeziehung zu entschärfen und so gleichzeitig den Einfluss der Niederlassung auf die Unternehmenspolitik vergrößern.

Der Manager blieb ablehnend. Er sah die Unternehmensleitung als Gegner, sie einzuladen schien ihm zu riskant. Unserer Ansicht nach waren die Probleme nicht intern zu lösen, wenn der Leiter der Niederlassung die Politik der Unternehmensleitung umsetzen musste, sie aber nicht vertreten konnte.

Schließlich lehnten wir diese Anfrage ab. Mit einer Zusage hätten wir uns mit dem Niederlassungsleiter verbündet, den Konflikt zu verschleppen, anstatt ihn zu bearbeiten. In der von ihm geplanten Struktur war es unmöglich, seine Ziele erfolgreich zu verfolgen.

Er manövrierte sich und seine Mitarbeiter in eine Niederlage hinein.

Was kostet ein Ja, wenn Sie lieber Nein sagen sollten?

Sehen wir uns zuerst den Nutzen an.

Als Angestellter behalten Sie (vielleicht) Ihre Arbeit – nicht ganz unwichtig, wenn Sie eine Familie ernähren müssen. Als externer Berater haben Sie einige bezahlte Tage mehr.

Aber welche Kosten entstehen Ihrem Auftraggeber, der Ihrer Kompetenz vertraut? Was ist mit Ihrer beruflichen Integrität? Und wie steht es um Ihre Selbstachtung? So gesehen haben Sie wenig von Aufträgen, die zum Scheitern verurteilt sind.

Fragwürdige Anfragen abzulehnen beschert uns Beratern Zeit für Projekte, die uns begeistern und hinter denen wir stehen können.

Wenn Sie nicht Nein sagen, taucht eines dieser langersehnten Projekte genau dann auf, wenn Sie keine Zeit haben – meist gleich nachdem Sie zu einer fragwürdigen Anfrage Ja gesagt haben.

Wann sollten Sie Nein sagen

Wie geht man mit jemandem um, der ein Wunder erwartet... etwas, wofür jegliche Voraussetzungen fehlen? Haben Sie in solch einer Situation schon mal Ja gesagt und es später bereut?

Auf lange Sicht wird es Ihren Auftraggebern und insbesondere Ihrer Arbeit zu Gute kommen, wenn Sie Anfragen ablehnen, die aus Ihrer Sicht nur schiefgehen können.

Bei so einer Veranstaltung lernt niemand etwas dazu, und danach läuft alles so weiter wie vorher. Schlimmstenfalls gibt es noch mehr Hohn, Spott und Ablehnung.

Benutzen Sie Ihren gesunden Menschenverstand. Wenn die Voraussetzungen für die Arbeit an bahnbrechenden Veränderungen nicht existieren (die falschen Leute sind beisammen, die Zeit ist zu knapp, die Ziele utopisch, etc.), sollten Sie selbst wenigstens versuchen, diese Illusion zu durchbrechen. Erwecken Sie nicht den Eindruck, unter solchen Bedingungen etwas erreichen zu können... schon gar nicht ein Wunder.

– Beispiel –

Wie in einer ausweglosen Situation aus einem Ja ein Nein wurde

„Ich bin irgendwann aus hoffnungslosen Projekten ausgestiegen", berichtete uns ein Kollege. „Am schlimmsten war es mit einem gemeinnützigen Verein, der es sich zur Aufgabe gemacht hatte, moderne Technologie in die Arbeit gemeinnütziger Initiativen einzuführen. Ich sagte zu, seine nationalen Partner zusammenzubringen. Dann stellte sich heraus, dass die neue Direktorin mit allen Partnern auf Kriegsfuß stand. Sie war verletzend und bestimmend. Mir ließ sie keinerlei Spielraum, wies jeden meiner Vorschläge zurück und wollte mir diktieren, was ich zu tun hatte. Am Ende sagte ich ihr: ‚Tut mir leid, wir passen einfach nicht zusammen, so kann ich das nicht machen.'

Das kostete mich ein paar schlaflose Nächte, aber Gott sei Dank habe ich mich nicht weiter darauf eingelassen."

Weitere Szenarien, bei denen ein Nein angebrachter sein könnte als ein Ja.

Nicht genug Zeit
Der Zeitrahmen ist zu eng und die notwendigen Rahmenbedingungen können in der zur Verfügung stehenden Zeit nicht organisiert werden. „Wann möchten Sie die Ergebnisse haben?", fragt der potenzielle Auftragnehmer. „Gestern", antwortet die ungeduldige Führungsperson, und alle lachen. Unter diesen Voraussetzungen könnte man eine Zusage später bereuen.

Unterstützung durch die Verantwortlichen ist mager
Der Auftrag ist einfach nicht zu realisieren, für niemanden. Sie würden einen Prozess begleiten, der innovative Visionen samt Maßnahmenplan und der Umsetzungsstrategie für die nächsten fünf Jahre liefern soll. Und das in einer eintägigen Sitzung der Vorstände, bei der einige der Hauptakteure nur zeitweise anwesend sind.

Leute für dumm verkaufen
Sie glauben, breite Beteiligung ist für die erfolgreiche Umsetzung von Maßnahmen wesentlich. Hunderte oder gar Tausende in einer Organisation oder einer Kommune sollen dazu gebracht werden, Plänen zuzustimmen, ohne dass sie an ihrer Entwicklung mitwirken konnten.

Große Projekte ohne Handlungsvollmacht
Sie übernehmen Verantwortung, ohne die nötige Autorität zu haben. Die verantwortliche Person überträgt Ihnen die Fusion zweier Abteilungen; keine von beiden ist Ihnen berichtspflichtig. Enge Zusammenarbeit und schnelles Handeln sind erforderlich. Sie könnten sich darauf einlassen, wenn Sie genug Macht und Einfluss hätten – haben Sie aber nicht.

Gegen die eigenen Werte
Das Ziel widerspricht einem Ihrer Grundwerte. Sie sollen ein Treffen leiten, dessen Ergebnisse von den Entscheidern vielleicht unberücksichtigt bleiben. Aus Ihrer Sicht soll das Treffen Beteiligung vortäuschen, um Zustimmung zu erschleichen.

Wichtige Betroffene sind ausgeschlossen
Sie sind überzeugt, dass unter den gegebenen Bedingungen das Projekt zum Scheitern verurteilt ist. Personen in Schlüsselfunktionen sollen ausgeschlossen werden, weil sie vermutlich gegen die vorgesehenen Pläne sind. Oder es soll Entscheidungen zugestimmt werden, ohne dass die Beteiligten Zeit gehabt hätten, eventuelle Folgen zu bedenken.

Solide Arbeit unerwünscht, Hauptsache schnell
Um Ergebnisse schneller, kürzer und billiger zu liefern, sollen Sie die Qualität Ihrer Leistungen beschneiden, völlig unabhängig davon, was Sie an Zeit und Kosten veranschlagt hatten.

Begleiter soll Komplize werden
Der letzte Grund Nein zu sagen liegt auf der Hand: Sie sind überzeugt, dass der Auftrag Sie zum Mittäter unmoralischer, unethischer oder ungesetzlicher Handlungen macht. Dieses Szenario mag extrem erscheinen, aber Beispiele dafür stehen jeden Tag in der Zeitung.

Das offene Nein

Sie müssen ja nicht rundweg ablehnen. Wenn Ihnen eine Anfrage fragwürdig erscheint, können Sie anbieten, darüber zu reden. Vielleicht ist dem Auftraggeber die Tragweite seiner Anfrage nicht bewusst. Vielleicht unterschätzt er die Herausforderung;

vielleicht kann er mangels Erfahrung nicht einschätzen, welche Rahmenbedingungen erfüllt sein müssen.

– Beispiel –

Ein neues Verkehrskonzept für die Stadt

Der Leiter einer städtischen Abteilung „Verkehr“ bat uns, eine Großgruppenveranstaltung durchzuführen. Ergebnis sollte eine von den Bürgern getragene Strategie zur Finanzierung einer neuen Verkehrsplanung seiner Stadt sein. Ein kleines Team von Managern und Experten hatte den Plan über Monate ohne Einbeziehung der Bürger erarbeitet. Es war eine ganz legitime Anfrage, aber der Prozess war von hinten aufgezäumt. Wir konnten nicht guten Gewissens eine Veranstaltung leiten, bei der die Bürger einem Plan zustimmen sollten, den sie noch nie zu Gesicht bekommen hatten und der mit höheren steuerlichen Belastungen für alle verbunden war.

Wenn die Stadtverwaltung jedoch bereit war, den Plan als reinen Entwurf vorzustellen, noch völlig offen für die Einflussnahme der Öffentlichkeit, dann wären wir in der Lage, eine Veranstaltung zu entwerfen, um drei Ziele gleichzeitig zu erreichen: einen neuen Plan, gemeinsam von Managern, Experten und Bürgern getragen; einen Plan zur Umsetzung, Finanzierung eingeschlossen; und eine deutliche Verpflichtung der Hauptakteure zur Umsetzung.

Wir sagten, wir hätten Verständnis für die Schwierigkeiten, so spät im Planungsprozess noch einen Kurswechsel vorzunehmen. Das Gespräch war schnell zu Ende.

Zu unserer Überraschung rief der Abteilungsleiter zwei Wochen später an. Er war zu dem Schluss gekommen, dass die Unterstützung der Bürger wichtig sei, und stimmte zu, ihnen den Plan als vorläufiges Arbeitspapier vorzustellen, sodass für alle eine Beteiligung an der weiteren Gestaltung möglich wurde.

Das war eine Vertragsgrundlage, die wir akzeptieren konnten. Die Veranstaltung fand statt, der Plan wurde umgearbeitet und die Finanzierung geklärt. Trotz der Spannungen zwischen widerstreitenden Interessen (unter anderem zwischen Fahrrad- und Autofahrern), wurde er gegen sehr viel weniger Widerstände umgesetzt, als wenn man dem ursprünglichem Plan gefolgt wäre.

Nehmen Sie den Mund nicht zu voll

Bleiben Sie realistisch, nur so bedeutet Ihr Ja auch wirklich etwas. Es geht Ihnen besser mit überraschenden Erfolgen bei niedriger Erwartungshaltung.

Unser Nein ist meist kein direktes Nein: „Unter den Rahmenbedingungen, die Sie vorschlagen, sagen wir Ihnen, mit welchen Ergebnissen Sie rechnen können und mit welchen nicht.“

– Beispiel –

Auftrag und Lehrplan für einen Fachbereich einer Universität

Ein Dekan plante ein eintägiges Treffen, um zusammen mit zwölf Mitarbeitern den Lehrauftrag für den Fachbereich zu klären und einen entsprechenden Lehrplan zu entwickeln. Die Gruppe war gespalten und ablehnend, da ihre bisherigen Treffen kontraproduktiv gewesen waren. Unser Nein hörte sich so an: „Wir können Ihnen nicht helfen, Ihre Ziele zu erreichen, ohne dass Sie weitere Teilnehmer, wie z.B. Studenten und Ehemalige Ihres Fachbereiches einbeziehen. Wenn Sie unter sich bleiben, lernen Sie voneinander nichts Neues, die Sichtweisen anderer fehlen Ihnen. Sie werden in Ihren unproduktiven Verhaltensmustern verharren.

„Was wir in einem Tag leisten können, ist: Wir helfen Ihnen, über Ihre Anliegen im Rahmen der Ihnen bekannten gesellschaftlichen Trends nachzudenken und Planungsalternativen zu klären.“

Wir gaben keine Garantie, dass die unbefriedigende Dynamik der Gruppe sich ändern würde. Das Treffen verlief besser, als wir erwartet hatten, vor allem weil die Teilnehmenden sich den „Ganzen Elefanten“ anschauten und ihnen deutlicher wurde, welche Einflüsse das Umfeld auf ihren Fachbereich ausübte. Das unproduktive Beziehungsgeflecht der Gruppe trat in den Hintergrund.

Ein Ergebnis des Treffens war, dass Studenten und Ehemalige zu einem folgenden Workshop eingeladen wurden.

Zusammenfassung

In der Kürzer-Schneller-Billiger-Gesellschaft hört man selten ein Nein. Wenn Sie zu Bedingungen Nein sagen, unter denen Sie wahrscheinlich keinen Erfolg haben werden, ersparen Sie sich und anderen aber viel Zeit und Aufwand. Wenn Sie bereit sind auch Nein zu sagen, werden Sie sich jedes Mal sicherer, erfolgreicher und zentrierter fühlen, wenn Sie Ja sagen.

Empfehlungen für Ihr nächstes Treffen

Üben Sie diese Sätze so lange laut, bis sie sich ganz natürlich anhören.

- „Ich würde das gerne übernehmen. Meine Erfahrung sagt mir allerdings, dass wir den Plan abändern müssen, damit Sie auch das erreichen, was Sie sich wünschen."
- „Dieses Ziel ist erstrebenswert. Mir ist nicht klar, wie es zu erreichen ist."
- „Vielleicht ist es das Beste, abzuwarten und das Projekt dann anzupacken, wenn die Voraussetzungen für erfolgreiches Arbeiten eingelöst sind."
- „Dafür bin ich nicht der Richtige. Ich bin mit den Zielen nicht einverstanden (bezweifele die Rechtmäßigkeit, etc.)."
- „Ich glaube nicht, dass ich unter diesen Bedingungen erfolgreich arbeiten kann. Gerne erkläre ich das näher."
- „Nicht mit mir!" (Sie wollten diesen Auftrag sowieso nicht.)

Sechs einfache Techniken für alle Gelegenheiten

In diesem Buch finden Sie viele Anleitungen, Tipps, Verfahren, Methoden und Techniken, um Treffen zu leiten und zu begleiten. Sechs davon setzen wir fast ständig ein. Wenn Sie sie anwenden, werden Sie mit fast allem fertig, was in Ihrer Leitungspraxis auf Sie zukommen kann.

Die Arbeit mit diesen Techniken wird Ihnen leichter von der Hand gehen, wenn Sie sich mit Ängsten anfreunden (Siebter Leitsatz), sich der Übertragungen bewusst werden (Achter Leitsatz), sich als eine verlässliche Autorität sehen (Neunter Leitsatz), und lernen Nein zu sagen (Zehnter Leitsatz) ... und vor allem alle zehn Leitsätze im Zusammenhang sehen.

Ihre volle Kraft können die Techniken allerdings nur entfalten, wenn Sie für die „richtigen" Teilnehmer*innen* gesorgt haben (Erster Leitsatz).

1. Damit die Gruppe ein Gefühl von sich als Ganzes bekommen kann, lassen Sie alle in einer Dialogrunde etwas zu sich sagen (Dritter Leitsatz).

2. Finden Sie einen Verbündeten für ein Gruppenmitglied, das Gefahr läuft, mit einer abweichenden Meinung zum Außenseiter zu werden, indem Sie fragen: „Noch jemand mit dieser Meinung?" Das fügt die Gruppe wieder zusammen, und sie kann weiterarbeiten (Sechster Leitsatz).

3. Um Polarisierung zu unterbrechen, unterstützen Sie die Bildung von Teilgruppen und fördern Sie den Dialog zwischen ihnen (Sechster Leitsatz).

4. Um Entfaltung und Beteiligung mehr Raum zu geben, laden Sie die Teilnehmenden ein, über ein Thema in kleinen Gruppen zu sprechen und danach allen zu berichten, worum es dort ging. „Tauschen Sie sich mit Ihrem Nachbarn (oder in Dreier- oder Vierergruppen) über Ihre Ideen aus. Dafür haben Sie 15 Minuten Zeit“ (Vierter Leitsatz).

5. Wenn Sie überhaupt nicht weiterwissen, fragen Sie einfach die Gruppe. Irgendjemand weiß es immer (Siebter Leitsatz).

6. Bieten Sie an das Treffen zu beenden, wenn die Teilnehmenden der Meinung sind, Fortschritte seien nicht mehr möglich. „Wir müssen nicht weitermachen. Ich würde gern von jedem von Ihnen hören, ob es sich lohnt fortzufahren“ (Siebter Leitsatz).

Schritt für Schritt, von Treffen zu Treffen die Welt verändern

Eine Einladung

Wir laden Sie ein, die Welt durch jedes Treffen, das Sie begleiten, ein bisschen besser zu machen... dafür gibt es mehr Möglichkeiten, als Sie glauben. Unsere Verfahren passen zu all den vielen alltäglichen Treffen, in denen ein gutes Stück der Arbeit auf der Welt geleistet wird. Wenn Sie sie einsetzen, tun Menschen etwas zusammen, wozu jeder allein nie in der Lage wäre.

Vor einigen Jahren beschäftigte sich Rolf Carriere, Mitarbeiter der UNICEF, mit der Verbesserung des Bildungswesens für indonesische Schulkinder. Zusammen mit den zuständigen Ministerien wurde ein ehrgeiziger Plan entworfen, die Verantwortung für die Oberschulen zu dezentralisieren. Dafür kamen verschiedene Interessenvertreter aus dem ganzen Land zusammen, einschließlich der Kinder. Bei der Auftaktveranstaltung sagte er: „Wenn wir bedenken, wieviel Zeit und Ressourcen wir für unsere Treffen einsetzen, sollten wir schockiert sein, wie wenig dabei herauskommt. Wir arbeiten dort an den Problemen und Herausforderungen, mit denen unsere Gesellschaft konfrontiert ist. Wenn wir die Zusammenarbeit in unseren alltäglichen Treffen nicht grundlegend verbessern, wie können wir dann grundlegende Veränderungen in unserer Gesellschaft erwarten?“

Carrieres Initiative führte zu 40 Zusammenkünften in Gemeinden überall im Land, eine gemeinschaftliche Anstrengung unterschiedlichster Interessengruppen, die die Verantwortung für die Bildung von Schulkindern effektiv dezentralisierte.

Wenn Menschen in einem größtenteils ländlich strukturierten, südostasiatischen Land mit solchen Treffen soviel bewegen konnten, warum dann nicht auch Sie in Mitarbeitertreffen, Vorstandssitzungen, Ausschussitzungen, Projektgruppen, in Kirchengemeinden, Krankenhäusern, Schulen, in Unternehmen... überall!

Wir haben drei gute Gründe für Sie, mit unseren Leitsätzen zu experimentieren. Der erste begründet sich im systemischen Denken. Alles ist mit allem verbunden, ganz gleich, wie deutlich uns das ist. Jedes Treffen hat einen Einfluss auf das System, zu dem es gehört, und weit darüber hinaus. Jedes Mal, wenn Sie Menschen dabei unterstützen, konstruktiv zu handeln, dringt dieser positive Impuls bis in die letzten Ecken des gesamten Systems vor. Im folgenden Beispiel erzählen wir, wie ein Experiment mit unseren systemisch ausgerichteten Leitsätzen weitreichende kontinentübergreifende Impulse auslöste, die bis heute wirken.

– Beispiel –

Frieden 2005

Sharad Sapra, Arzt und UNICEF Funktionär, nahm an einem Future Search in Bangladesch teil. Kurz darauf leitete er Konferenzen zur Not misshandelter Frauen und Straßenkinder im Iran. Seine nächste Station war Afrika, und im November 1999 veranstaltete er zwei Konferenzen, bei denen es um die Zukunft südsudanesischer Kinder ging, die in dem langen Krieg entwurzelt worden waren. Die verschiedenen Interessengruppen, einschließlich Kinder, Rückkehrer, Stammesfürsten, Lehrer und örtliche Beamte, hatten eine Vision, wie im Sudan fünf Jahre später Frieden herrschen würde. Kurz danach bat Sharad uns, 50 sudanesische Mitarbeiter von Hilfsorganisationen in unseren Verfahren auszubilden.

Nur Wochen später leiteten einige von ihnen eine Konferenz in einem erst kürzlich bombardierten Dorf, bei der es um das Schicksal von Kindersoldaten ging. In den nächsten Monaten wurden Tausende junger Menschen unter 16 Jahren demobilisiert und in ihre Dörfer zurückgebracht. In den nächsten fünf Jahren wurden im Süden Schulen und Kliniken gebaut; und im Januar 2005 unterzeichneten der Norden und der Süden einen Friedensvertrag. Sharad schrieb dazu: „Als wir unseren ersten Future Search durchführten, hatten wir als Titel ‚Frieden 2005‘, und alle lachten uns aus. Ich denke, wir haben Hoffnung in einer hoffnungslosen Situation erzeugt, einen Traum an die Stelle des täglichen Leids gesetzt."

Als wir dies 2007 schrieben, bestand der Frieden im Norden und Süden weiter, abgesehen von einer verzweifelten Situation im Westsudan. (2011 wurde aufgrund eines Volksentscheides der Süden ein eigener anerkannter neuer Staat.)

Unser zweiter Grund ist pragmatischer Natur. Sie verbringen sowieso eine Menge Zeit in Treffen; warum diese Zeit nicht effektiver für unser aller Wohl nutzen?

Wenn Sie alle Stunden auflisten könnten, die Menschen in Treffen verbringen, die dabei entstehenden Kosten und die Ergebnisse nach jeder beliebigen Formel berechnen würden, wären Sie mehr als erstaunt über das schlechte Kosten/Nutzen Verhältnis. Es gibt also einen dringenden Bedarf an wirksameren Verfahren... von ihnen handelt dieses Buch.

Dick Haworth, Aufsichtsratsvorsitzender von Haworth, dem globalen Büromöbelhersteller, sagte nach einem Future Search mit Mitarbeiter*innen* aus der ganzen Welt: „Wir haben in den letzten drei Tagen mehr auf den Weg gebracht als früher in Monaten traditioneller Strategieplanung, und wir erwarten, dass auch die Umsetzung wesentlich schneller geschieht.“ Sechs Monate später berichteten Manager von Haworth, wie der Future Search im ganzen Konzern überall auf der Welt Spuren hinterließ.

Unser dritter Grund ist, dass Sie persönlich etwas davon haben. Wenn Sie sich nach Erfüllung sehnen, sind normalerweise die Treffen, die Sie leiten, ein eher unwahrscheinlicher Ort dafür. Das kann sich ändern, wenn Sie, mit unseren Leitsätzen ausgestattet, in den Treffen einen Ort sehen, damit zu experimentieren.

- Sie befreien sich von erheblichem hausgemachten Stress, wenn Sie mehr durch Beobachtungen als durch Bewertungen leiten.
- Sie werden mehr erreichen, wenn Sie mit den Menschen

zusammenarbeiten, so wie sie sind... und nicht, wie Sie sie gern hätten.

- Sie erleben, wie brachliegende Ressourcen erschlossen werden, wenn Gruppenmitglieder sich voll und ganz in ein Treffen einbringen können. Wenn ein Treffen konstruktive Energien erzeugt, leisten alle bessere Arbeit.
- Je mehr es Ihnen gelingt, diese Leitsätze zu verinnerlichen und zu leben, um so sicherer, motivierter, neugieriger und offener sind Sie für neue Herausforderungen und bereit Wege zu gehen, die noch niemand beschritten hat.

Zum menschlichen Erbe gehört auch unsere angeborene Fähigkeit zur Zusammenarbeit. Das ist das Gegenmittel zu der uns gleichfalls angeborenen Tendenz, sich über Unterschiede zu trennen. Die vielen Stunden, die wir in Treffen aller Art verbringen, ohne unsere Fähigkeit zu nutzen, sind eine ungeheure Verschwendung. Sie müssen diese Tradition nicht aufrechterhalten. Wenn Treffen wirklich wichtig sind, ist es nur richtig, alles für ihr Gelingen zu tun, und wenn Sie unsere Überzeugung teilen, können Sie die Welt durch ein Treffen nach dem anderen verändern.

Vor einigen Jahren haben wir mit Auntie Malia Craver zusammengearbeitet, einer weisen hawaiianischen Ältesten. Dabei lernten wir etwas, was ihre Vorfahren seit Jahrtausenden weitergegeben haben. Nachdem sie einer halbstündigen Präsentation zugehört hatte, wie das öffentliche Gesundheitswesen durch die Beteiligung aller gestärkt werden kann, sagte Auntie Malia: „Wir haben in unserer Sprache ein Wort für das, worüber Ihr gerade geredet habt."

„Und wie heißt es?"

„Laulima."

„Was bedeutet das?"

„Man braucht viele Hände, um eine Aufgabe zu bewältigen."

Die Autoren

Seit Jahrzehnten sind Marvin Weisbord und Sandra Janoff weltweit mit Gruppentreffen aller Art befasst.

Sie nehmen gemeinsam die Leitung des *Future Search Network* wahr. Dieses gemeinnützige Netzwerk unterstützt Planungsvorhaben in allen Kulturen und Sprachen der Welt mit Verfahren zur Mitwirkung und Zusammenarbeit aller Interessengruppen; zu Bedingungen, die sich alle Auftraggeber leisten können.

Gemeinsam haben Marv und Sandra *Future Search: The complete guide, updated & expanded* (3rd ed., 2010) geschrieben. Mehr als 3000 Menschen sind bei ihren Trainings in Grundsätze und Verfahren ihrer Arbeit eingeführt worden.

Sie sind Mitglieder des *European Institute for Transnational Studies in Group and Organization Development (eit)* und des *Organization Development Network.*

Mavin Weisbord hat von 1969 bis 1992 Wirtschaftsunternehmen und medizinische Fakultäten beraten. Er ist Fellow der *World Academy of Productivity Science* und war für mehr als zwei Jahrzehnte Partner in der Beratungsfirma *Block Petrella Weisbord, Inc.* sowie Mitglied des *NTL Institute for Applied Behavioral Science.*

2004 erhielt er den Lifetime Achievement Award des Organization Development Network, das sein Buch *Productive Workplaces* (1987) als eines der fünf bedeutendsten Bücher der letzten 40 Jahren auszeichnete. Weitere Bücher von ihm sind *Organizational Diagnosis* (1978), *Discovering Common Ground* (1992) und *Productive Workplaces Revisited* (2004).

Sandra Janoff ist Beraterin und Psychologin. Sie begleitet Wirtschaftsunternehmen, Regierungsstellen und Kommunen in der ganzen Welt zu Fragen der Globalisierung und einer nachhaltigen und menschlichen Arbeitswelt. Sie war Mitglied in Leitungsteams von Tavistock Konferenzen der Temple University in Philadelphia und des Tavistock Institute of Human Relations in Oxford, England. Darüber hinaus hat sie Trainings für systemische Gruppendynamik geleitet. Von 1974 bis 1984 unterrichtete sie in einem Schulversuch an einer Oberschule Mathematik, Physik und Chemie, und führte Workshops zu alternativen Praxisansätzen an Schulen in Pennsylvania durch.

Zusammen mit Yvonne Agazarian veröffentlichte sie einen Beitrag zu „Systemisches Denken und Kleingruppen" in dem *Comprehensive Textbook of Group Psychotherapy.* In dem *University of Minnesota Law Review* wurden ihre Untersuchungsergebnisse zum Verhältnis von moralischen Denkmustern und juristischer Ausbildung in einem Leitartikel dargestellt. Sandra promovierte in Psychologie an der Temple University.

mweisbord@futuresearch.net
sjanoff@futuresearch.net

Informationen zu Veranstaltungen mit den Autoren finden Sie hier: www.futuresearch.net

Literatur

Deutschsprachige Titel vom Herausgeber hinzugefügt

Ackoff, R. L.: *Redesigning the future: A systems approach to societal problems.* New York: Wiley, 1974.

Agazarian, Yvonne M.: *Systems-centered theory for groups.* New York: Guilford Press, 1997.

Agazarian, Yvonne M. & Janoff, Sandra: Systems theory in small groups. In H. Kaplan & B. Sadock (Eds.), *Comprehensive textbook of group psychotherapy.* Baltimore: Williams & Wilkins, 1993.

Asch, Solomon: *Social psychology.* New York: Prentice Hall, 1952.

Auden, W. H: *The age of anxiety: A baroque ecologue.* New York: Random House, 1947.

Auden, W. H: *Das Zeitalter der Angst: Ein barockes Hirtengedicht.* Wiesbaden: Limes, 1947. ASIN: B0040800R6

Bion, Wilfred: *Experience in groups.* London: Tavistock, 1961.

Bion, Wilfred R.: *Erfahrungen in Gruppen und andere Schriften.* Stuttgart: Klett-Cotta (J. G. Cotta'sche Buchhandlung Nachfolger GmbH), 3. erweiterte Auflage 2001.

Brown, Juanita & Isaacs, David: *World café.* San Francisco: Berrett-Koehler, 2005.

Brown, Juanita & Isaacs, David: *Das World Cafe: Kreative Zukunftsgestaltung in Organisationen und Gesellschaft.* Heidelberg: Carl-Auer-Systeme, 2007.

Bushe, Gervase R.: Advances in appreciative inquiry as an organization development intervention. *Organization Development Journal,* 13(3), 14-22, 1995.

Buzan, Tony: *Use both sides of your brain: New mind-mapping techniques.* New York: Plume Books, 3rd ed., 1991.

Buzan, Tony: *Das Mind-Map-Buch. Die beste Methode zur Steigerung ihres geistigen Potenzials.* München: Moderne Verlagsgesellschaft, 1993.

Cresswell, Julie: How suite it isn't: A dearth of female bosses. *New York Times,* Business, 1, 9-10, 17. Dezember 2006.

Emery, Fred E. & Trist, Eric L.: *Towards a social ecology.* New York: Plenum, 1973.

Faucheux, Claude: Leadership, power and influence within social systems. Paper prepared for a „Symposium on the Functioning of the Executive“, Case Western University, Cleveland, OH, 10.-13. Oktober 1984.

FutureSearching, the Newsletter of the Future Search Network. Available: www.futuresearch.net

Janssen, Claus: *The four rooms of change.* (Förändringens fyra rum.) Stockholm: Ander & Lindstrom. (An English version of the book is available online at www.claesjanssen.com/books. For training in its use as a change management tool, see www.andolin.com/fourrooms.), 2005.

Lawrence, Paul R. & Lorsch, Jay W.: New management job: The integrator. *Harvard Business Review*, November–Dezember 1967a.

Lawrence, Paul R. & Lorsch, Jay W.: *Organization and environment: Managing differentiation and integration.* Boston: Harvard Business School Press, 1967b.

Lewin, Kurt: *Resolving social conflicts.* Edited by Gertrude W. Lewin. New York: Harper & Row, 1948.

Lewin, Kurt: *Die Lösung sozialer Konflikte.* Bad Nauheim: Christian Verlag, 1953.

Lewin, Kurt & Lippitt, Ronald & White, Ralph: Patterns of aggressive behaviour in experimentally created „social climates“. *Journal of Social Psychology*, 10, 271-99, 1939.

Lippitt, Lawrence L.: *Preferred futuring: Envision the future you want and unleash the energy to get there.* San Francisco: Berrett-Koehler, 1998.

Madsen, Benedicte & Willert, Søren: *Working on boundaries: Gunnar Hjelholt and applied social psychology.* Aarhus, Denmark: Aarhus University Press, 2006.

Meade, Chris: Meeting research study summary. Available: www.studergroup.com/dotCMS/knowledgeAssetDetail?inode=269049, 1. Oktober 2006.

Merrill, Alexandra: *Self-differentiation: A day with John and Joyce Weir* (three-video set). Philadelphia: Blue Sky Productions, 1991.

Mix, Philip J.: A monumental legacy: The unique and unheralded contributions of John and Joyce Weir to the human development field. *Journal of Applied Behavioral Science*, 42(3), 276-99, September 2006.

Owen, Harrison: *The practice of peace.* Circle Pines, Minnesota: Human Systems Dynamics Institute, 2004.

Owen, Harrison: *Raum für den Frieden – The Practice of Peace.* Herausgegeben von Michael M Pannwitz, aus dem Amerikanischen übertragen von Georg Bischoff. Berlin/Bonn: Westkreuz-Verlag, 2005.

Owen, Harrison: *Open space technology: A user's guide.* San Francisco: Berrett-Koehler, 2008, 3rd ed.

Pannwitz, Michael M: „Wenn das Pferd vom Schwanz aufgezäumt wird, oder: Die mühsame Suche nach dem Vorderteil." Wer ist der Auftraggeber bei Stadtteilentwicklungsprozessen? *Organisationsentwicklung,* 4-01, 66-69, 2001.

Pannwitz, Michael M, in Zusammenarbeit mit Georg Bischoff: *Meine open space Praxis.* Berlin/Bonn: Westkreuz-Verlag, 2010.

Perls, Frederick S.: Finding self through gestalt therapy. Cooper Union Forum Lecture Series: *The Self.* Available: www.gestalt.org/self.htm, March 6, 1957.

Rogelberg, S. G., Leach, D. J., Warr, P. B. & Burnfield, J. L.: „Not another meeting!" Are meeting time demands related to employee well-being? *Journal of Applied Psychology,* 91(1), 83-96, 2006.

Schweitz, Rita & Martens, Kim (Eds.): *Future Search in school district change.* Lanham, MD: Rowman & Littlefield, 1995.

Weir, John: The personal growth laboratory. In K. Benne, L. P. Bradford, J. R. Gibb, & R. D. Lippitt (Eds.). *The laboratory method of changing and learning: Theory and application.* Palo Alto, CA: Science and Behavior Books, 1975.

Weisbord, Marvin R.: *Productive workplaces: Organizing and managing for dignity, meaning and community.* San Francisco: Jossey-Bass, 1987.

Weisbord, Marvin R. & 35 Co-authors: *Discovering common ground.* San Francisco: Berrett-Koehler, 1992.

Weisbord, Marvin R.: *Productive workplaces revisited: Dignity, meaning and community in the 21st century.* San Francisco: Jossey-Bass/Wiley, 2004.

Weisbord, Marvin & Janoff, Sandra: Faster, shorter, cheaper may be simple; it's never easy. *Journal of Applied Behavioral Science,* 41(1), 70-82, 2005.

Weisbord, Marvin & Janoff, Sandra: Clearing the air: The FAA's historic growth without gridlock conference. In: B. Bunker & B. Alban (Eds.),

The handbook of large group methods: Creating systemic change in organizations and communities. San Francisco: Jossey-Bass, 2006.

Weisbord, Marvin & Janoff, Sandra: *Future Search: The complete guide, updated & expanded* (3rd ed.). New York: Mcgraw-Hill Professional, 2010.

Erstübertragung der Zehn Leitsätze

Im Januar 2011 haben die folgenden Kolleginnen eine erste Übertragung von je einem der zehn Leitsätze zum „Treffen leiten“ und „Mich leiten“ angefertigt. Das hat Georg Bischoff und Michael M Pannwitz bei der Übertragung des gesamten Buches ermunternd vorangebracht. Neun Monate später war das Buch fertig. Die Texte der zehn Übertragerinnen sind für die jetzt vorliegende dritte Auflage im Jahr 2020 aktualisiert worden.

Juliane Ade, Rechtsanwältin, Mediatorin und open space Begleiterin, boscop eg www.boscop.org - juliane.ade@boscop.org

Florian Fischer (1940-2015) – Im Januar 1999 lud Michael mich ein, gemeinsam am Future Search Network-Treffen in Philadelphia teilzunehmen. Dort begegnete ich Marv und Sandra und Ralph Copleman. Seither liebe ich Marv und Sandra und Ralph. Jetzt ist Ralph Copleman gestorben: An eben dem Tage, an dem wir Michaels Einladung zusagten, dieses Buch von Marv und Sandra gemeinsam zu übersetzen. »Don't Just Do Something, ...« Ralph war ein Meister des »... Stand There.«.
https://www.westkreuz-verlag.de/de/der-naechste-schritt
http://der-naechste-schritt.ff-wey.com/so

Marei Kiele, Facilitator, Trainerin, Coach und vieles mehr, beschäftigt sich seit 10 Jahren mit dem menschlichen Bewusstsein – damit, wie wir unsere Realität erschaffen – und mit der Frage, wie wir das auf respektvolle, liebevolle und verantwortungsvolle Weise tun können. Ihr Anliegen ist es zu Organisationen beizutragen, in denen Menschen sich ihrer Gestaltungskraft bewusst sind und in wo sie statt ‚aus Angst vor' zu handeln, etwas aus Leidenschaft, Liebe oder Freude tun. Organisationen, wo gelebte Werte wie Freiheit, Wahrheit, Achtsamkeit und gemeinsames bewusstes Gestalten dazu führen, dass Menschen gerne miteinander umgehen, sich in ihrem wahren Wesenskern zeigen können und echte Kooperation möglich wird.

Mia Konstantinidou, Dipl. Pol., Prozessbegleiterin, Trainerin & Coach, Mitglied der berlin open space cooperative eG (boscop), ICA Deutschland (The Institute of Cultural Affairs) sowie im globalen ICA Netzwerk aktiv & Mitglied im Future Search Network. Ich liebe meine Arbeit als Prozessbegleiterin. Als wesentlichen Teil davon sehe ich die Kontakte und Aktivitäten in meinen lokalen wie globalen Netzwerken. Sandra und Marvs Philosophie, wie sie hier in diesem Buch beschrieben wird, ist mir „Mentorin“ und begleitet und unterstützt mich in meiner Praxis. Es ist aus meiner Sicht DAS Handbuch für alle, die Meetings und Prozesse begleiten.

Kayetan Kozok studierte einige Semester Politische Wissenschaften und Technischen Umweltschutz in Stockholm und Berlin. Nach erfolgreichem Abbruch des Studiums machte er eine Ausbildung zum Möbel- und Küchenmonteur nebst Lkw Führerschein. Heute fährt er mit dem Sattelzug Lebensmittel im Verteilerverkehr, denn jeder Mensch hat gern genug zu essen. Die Mithilfe zur Übertragung dieses Werks war das erste große Projekt, dem er sich mit viel Fleiß und Mühe widmete und könnte ein Anfang des Umbruchs seines Werdegangs gewesen sein. Außerdem ist er ein Meister des „einfach mal nichts tun".

Michael Pannwitz erfreut sich im Jahr 2050 mit wehenden weißen Haaren eines erfüllten Lebens mit seiner Familie, Freundinnen und Kolleginnen hier und in aller Welt. Vielleicht sind sie schon - werden noch - Teil davon. Ich freue mich auf weitere Begegnungen und über meine Beteiligung an diesem und anderen Projekten, die zur Verbreitung der Future Search Prinzipien beitragen. Mein Bild von mir in der Zukunft ist inspiriert vom Austausch mit Florian, Gedanken zu seinem Werk »Der nächste Schritt« und meinen zukünftigen Träumen. Thanks, dad, for inviting me into this project.

Yaari Pannwitz, Beratung – Begleitung – Training – Berlin – International
yaari@bg5.de

Jo Töpfer (Jg. 1968) arbeitet als Prozessbegleiter und Berater für Organisationstransformation in Deutschland und weltweit. Seit 1999 arbeitet er in Veränderungsprozessen von Gruppen, Organisationen und Systemen überwiegend mit Großgruppenformaten wie open space, future search u.a. Er war 2004 Gründungsmitglied und ist amtierender Aufsichtsrat der ‚berlin open space cooperative'. Am Workshop „Don't Just Do Something, Stand There" mit S. Janoff und M. Weisbord hat er in den vergangenen Jahren mehrfach teilgenommen und betrachtet ihn und das vorliegende Buch als wesentliches Fundament seiner Arbeit mit Gruppen. Es war ihm ein Vergnügen, an der Übertragung des Buches ins Deutsche mitzuwirken.
www.boscop.org

Anna Caroline Türk – Bei meiner ersten Begegnung mit der englischen Ausgabe verstand ich irrtümlicher Weise: „Don't You Dare to Do Something - Stand There", zu Deutsch etwa: „Wage es nicht einzugreifen - sei still!". Großartig, dass Berater*innen und Facilitator*innen aufgefordert werden, sich zurückzunehmen.
Oftmals nichts zu tun und der Gruppe zu ermöglichen, selbst die Antworten auf ihre Fragen zu finden, ist bis heute Basis meiner Arbeit.
AnnaCaroline@TruthCircles.com // Co-Ownerin des Genuine Contact Program

Jutta Weimar – es ist mir eine Ehre, an der Übersetzung des vorliegenden Buches mitgewirkt zu haben. Es bringt für mich das Wesentliche in der Prozessbegleitung zum Ausdruck – die radikale Unterstützung der Selbstorganisation in Gruppen durch Klarheit der eigenen Rolle und Vertrauen in das Potential der Menschen. Marvin und Sandra waren und sind in meiner persönlichen und fachlichen Entwicklung sehr wichtige Mentor*innen. Ich selbst begleite seit dem Jahr 2000 Veränderungsprozesse in Menschen, Unternehmen und Organisationen. Seit 2016 bilde ich in eigener Akademie Facilitator*innen aus. Das Buch „einfach mal nichts tun" gehört dabei zu den wichtigsten Grundlagenwerken und ist „Pflichtlektüre" für alle, die wirkungsvoll mit Menschen arbeiten möchten.
www.jutta-weimar.de // www.facilitation-academy.de